高等学校规划教材

电子封装材料力学性能：纳米压痕技术原理、应用和拓展

龙 旭 著

西北工业大学出版社

西安

【内容简介】 为了更好地利用力学方法解决电子封装领域可靠性问题,本书较为全面地介绍纳米压痕方法在电子封装材料力学性能测试方面的原理、应用及方法拓展,详细介绍纳米压痕实验原理及方法以及接触分析理论,开展不同形状压头的封装材料压痕过程有限元仿真分析,提出针对封装材料本构关系及应变率、微观结构及表面应变等因素的压痕理论分析方法,为我国电子封装力学领域采用纳米压痕的分析手段提供可行的理论基础。

本书可为相关工程人员提供基本的分析方法及数值仿真基础,也可用作高年级本科生和研究生的教材。读者可在本书内容的基础上,通过有限元仿真的方法,结合纳米压痕理论分析流程,实现对材料力学性能的评估和数值仿真。

图书在版编目(CIP)数据

电子封装材料力学性能 ：纳米压痕技术原理、应用和拓展 / 龙旭著. — 西安 ：西北工业大学出版社,
2022.8
ISBN 978 - 7 - 5612 - 8300 - 4

Ⅰ.①电… Ⅱ.①龙… Ⅲ.①电子技术-封装工艺-电子材料-力学性能 Ⅳ.①TN04

中国版本图书馆 CIP 数据核字(2022)第 136109 号

DIANZI FENGZHUANG CAILIAO LIXUE XINGNENG：NAMI YAHEN JISHU YUANLI、YINGYONG HE TUOZHAN
电 子 封 装 材 料 力 学 性 能 ：纳 米 压 痕 技 术 原 理 、应 用 和 拓 展
龙旭　著

责任编辑：曹　江	策划编辑：杨　军
责任校对：王玉玲	装帧设计：

出版发行：西北工业大学出版社
通信地址：西安市友谊西路 127 号　　邮编：710072
电　　话：(029)88491757,88493844
网　　址：www.nwpup.com
印 刷 者：兴平市博闻印务有限公司
开　　本：787 mm×1 092 mm　　1/16
印　　张：8.25
字　　数：216 千字
版　　次：2022 年 8 月第 1 版　　2022 年 8 月第 1 次印刷
书　　号：ISBN 978 - 7 - 5612 - 8300 - 4
定　　价：39.00 元

前　言

随着近年来国际局势的巨大改变,电子芯片及设备对于国家经济及安全的重要性更加凸显。电子封装是整个半导体行业的重要分支,随着电子元器件封装集成度的迅速提高和功率密度的持续增大,电子封装结构对于保障电子芯片机械互连、散热管理和电信号连接愈加重要。电子封装可靠性问题与力学学科息息相关,但受限于封装行业从业人员的多学科交叉特点和教育背景的巨大差别,电子封装力学可靠性领域急切需要力学相关理论及方法的应用与拓展。鉴于电子封装材料的黏塑性和结构的服役环境特点,电子封装力学可靠性也成为力学工作者施展"拳脚"的极佳"练兵场"和新时代背景下建功立业的"新战场"。

在电子封装结构力学性能可靠性评估中,需要开展大量的不同荷载形式的结构有限元仿真计算。作为有限元仿真的核心内容,需要较为精确的封装材料本构模型及参数,才能有效地描述封装结构变形和失效,从而保障封装结构力学性能分析的合理性。然而目前封装行业主要采用弹性本构模型或基于 Anand 模型的黏塑性本构模型,未能全面地描述材料弹塑性的率相关性以及屈服准则。由于封装材料普遍具有率相关性,且结构形式以三明治内的片层状为主,因此在评估材料本构模型参数时,需要兼顾材料的弹塑性变形特征、结构原位测试难度与材料变形应变率状态。

纳米压痕技术是一种有效评估块体、涂层以及薄膜材料力学性能的方法,是一种先进的微/纳米尺度力学测试技术。其所需测试样品制备简单、测试位移和荷载分辨率高,被广泛用于块体材料和薄膜/基体材料的研究。通过纳米压痕曲线可以获取材料的诸多力学性能,如弹性模量、硬度、黏弹性或蠕变行为等。完整的纳米压痕过程是典型的非线性力学行为,临近压头区域的边界条件以及材料变形情况随压入深度发生不同的变化,然而一直难以利用解析的方法得到材料的塑性相关参数。在过去的几十年里,纳米压痕法被广泛地用于评估材料的本构关系。从本质上讲,其重点是通过不同类型压头的纳米压痕,如不同半角的球形压痕和锥形压痕,建立纳米压痕响应与弹塑性各向同性材料的应力-应变曲线之间的内在联系。随着有限元理论及通用软件的发展和应用,研究人员开始将有限元仿真和试验曲线相结合进行反演计算。依据是否采用量纲分析理论,反演分析方法可归纳为两种:一种方法是将有限元软件模拟得到的结果与试验结果对比,不断调整参数进行拟合,进而获得材料的力学性能,研究早期多采用这种方法,但其误差较大,准确性往往依赖于输入材料参数的合理程度;另一种方法是采用量纲分析的方法,将有限元分析结果与量纲函数相结合,形成一系列非线性拟合方程,通过计算无量纲方程来确定材料的力学本构关系。相比前者,后一种方法更能揭示压痕问题的实质,并从理论层面给出完整的本构模型获取流程。

基于近年来的研究成果,针对消费电子芯片中广泛使用的无铅焊料以及大功率器件贴装用新型烧结纳米银材料,本书系统地介绍纳米压痕方法的实验技术、仿真方法和理论分析。利用有限元仿真软件 ABAQUS 来模拟材料在纳米压痕过程中的受力情况,并结合纳米压痕试验进行反演计算,获得材料的塑性性能参数,给出材料完整的本构关系,讨论材料微观形貌对烧结纳米银力学性能的影响规律,并对所构建的本构关系进行唯一性验证和理论参数具体取值的修正。具体而言,针对大功率芯片中典型贴装材料和结构的特殊要求,本书从力学方法的角度,较为全面地介绍纳米压痕方法在电子封装材料力学性能表征方面的应用及方法拓展。具体内容包括纳米压痕实验原理及方法、纳米压痕有限元仿真方法、基于球形压头的烧结纳米银力学性能研究、基于球形压头的烧结纳米银力学性能的解析分析、基于 Berkovich 压头的烧结纳米银本构模型的反演算法、无铅焊料的拉伸和纳米压痕本构关系的校准、纳米压痕方法中烧结纳米银本构行为的应变率平移、基于应变跃迁压痕的烧结纳米银应变率敏感性研究、基于纳米压痕法研究烧结银颗粒微观结构与本构行为的关联机制以及基于纳米压痕反演分析的弹塑性材料表面应变分析等。

写作本书曾参阅了相关文献、资料,在此谨向其作者表示由衷的感谢。同时,诚挚地感谢西北工业大学精品学术著作培育项目基金(项目编号:21GH030801)资助。

目前纳米压痕研究领域仍存在争议,本书不足之处在所难免,诚恳希望广大专家和读者批评和指正。

著 者

2022 年 4 月

目　　录

第1章 纳米压痕实验原理及方法

1.1 简　　介

在传统的压痕实验中,通过压头对材料表面进行加载,然后通过测量压痕的断截面面积来评价材料的机械性能。压痕实验最早用于硬度的测试,这种方法仅能测量材料的塑性性质,只适用于较大尺寸的试样。然而,随着现代微电子材料的发展,试样的厚度和面积的减小成为一种趋势,传统的测试方法已经无法满足人们对小尺寸材料力学性能测试的需求。在此背景下,1983 年 Oliver 等人提出并发展了纳米压痕(Nano Indentation) 技术,以解决传统测量的技术局限。

纳米压痕技术又称深度敏感压痕(Depth Sensing Indentation)技术,被广泛应用于微/纳米尺度下材料力学性能的研究。该技术是利用计算机控制载荷将刚性压头压入被检测材料的表面后再卸载,根据所测得的载荷-位移曲线(一般简称为 $P-h$ 曲线),可以得到材料的弹性模量、硬度、断裂韧性、应变硬化效应、残余应力、黏弹性和蠕变性等力学性能。由于其压入深度小且可控,因此特别适用于测量薄膜、涂层等超薄层材料的力学性能。纳米压痕技术实验操作简单、使用范围广,在微/纳米尺度材料的力学性能测试中具有很好的应用前景。随着产业应用和科学研究需求的不断提升,尤其是芯片相关行业的井喷式发展,准确而便捷地获得材料力学性能并用于结构力学可靠性研究,是电子封装行业产品可靠性评估的重要条件。因此,纳米压痕的相关理论亟待发展和完善。此外,随着数值仿真能力的大幅度提升,有限元仿真技术已被广泛应用于纳米压痕实验的模拟中,可以更为方便地研究材料的力学行为。

综上所述,纳米压痕技术将在工程实践中,尤其是电子芯片封装结构薄层状材料力学性能的原位测试方面,获得广泛应用和快速发展,此方面内容将在本书后续章节中逐步展开介绍和论述。

1.2　纳米压痕技术的发展历程

在 1983 年,Oliver 等人组成的一个小型研究组首次提出了纳米压痕技术[1]。压头压入材料的深度可小至几纳米,大至几微米。其中,大部分实验使用的是"Berkovich 压头",是一种面角为 65.27°的三棱锥。图 1-1 所示为测量得到的典型载荷-位移曲线的示意图,主要包括 Berkovich 压头的形状以及压头加载和卸载过程的载荷-位移响应。在压头压入材料,被压材料发生弹性变形的同时，也发生塑性变形，并在完全卸载后形成残余压痕。需要说明的是，残余压痕形貌很大程度上与材料性能相关，因此也是备受关注的研究方向之一。在压头卸载过程中，被压材料中的弹性应变恢复，而塑性应变不变，因此可认为，在加载过程中被压材料发生弹塑性变形，而在卸载过程中只发生弹性变形。

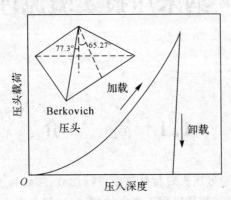

图 1-1 纳米压痕的典型载荷-位移曲线的示意图

在 1992 年，Oliver 和 Pharr 在橡树岭国家实验室合作开发了一种更加先进的材料力学测试技术，该技术被称为连续刚度测量（Continuous Stiffness Measurement，CSM）[2-3]。通过纳米压痕测试结果，该技术可以在压头压入过程中持续地测量材料硬度和弹性模量。基于此技术，纳米压痕方法被广泛应用于小尺度的力学行为表征中。随着测试设备和技术的大幅度提升，以及对弹塑性接触力学理论的推动，纳米压痕方法经历了不断的改进和拓展，并在材料科学、生物医学等领域以及发展中的多学科交叉领域，取得了令人瞩目的结果。

在金属材料中，位错是引起材料塑性的主要缺陷。早在 1905 年，意大利数学家和物理学家 Volterra 提出位错对材料的力学性能具有极大的影响。在测试一种金属试件时，材料中存在成千上万的位错，通常人们难以观察或测量与单个位错相关的力学行为。鉴于典型的位错密度，位错之间的尺寸大约是 1 μm，甚至可能更小。触点越来越小，可能会在取样单个缺陷时，无法取得具有代表性缺陷的材料。而纳米压痕方法可以很好地研究小尺寸试件局部特征，通过测量局部区域所受的力，可以计算出材料的理论强度，即材料的最大强度。

在生物医疗方面，纳米压痕被应用于生物材料的表征和病症研究。在 2009 年，Ebenstein 等人[4]意识到诊断和治疗动脉硬化的前提是要了解导致动脉硬化的动脉粥样硬化斑块的力学特性，因此他们使用纳米压痕技术研究了斑块的不同发展阶段情况。根据所测量得到的荷载-位移数据，可以总结出如下规律：与开始阶段相比，最后阶段的动脉粥样硬化斑块材料的弹性模量增加了三个数量级，这导致材料变得非常硬且非常脆。当斑块变脆时，会更容易破裂并移动至大脑或心脏，最终引起更加严重的病症。基于纳米压痕技术，医学领域的科学家正致力于更加准确地阐述动脉粥样硬化斑块的形成过程，并开发可以用于及早诊断和治疗斑块相关疾病的方法。

近年来，随着仪器化开发方法的日趋成熟以及纳米压痕技术与其他新方法的融合，纳米压痕技术在高速发展的材料科学领域获得了更加广泛的应用，研究人员对包括有机高分子材料在内的固体材料和薄膜材料，进行了连续动态载荷下纳米硬度、弹性模量、纳米划痕、摩擦系数、屈服强度以及界面结合力的测试。此外,研究人员还将纳米压痕仪与有限元仿真技术结合,在多个领域进行了更深入的研究和发展。在 2017 年,Long 等人在电子封装行业,通过纳米压痕方法测试、有限元仿真和无量纲理论分析,对塑性焊料普遍存在的应变硬化效应进行研究,揭示了微观结构和本构行为之间的内在关系[5],并于 2020 年提出了一种基于纳米压痕响应的反演算法,获得了焊料的塑性性能[6]。

1.3　纳米压痕实验方法

纳米压痕实验通过测量作用在压头上的载荷和压入样品表面的深度来获得材料的载荷-位移曲线。在已知压头几何形状的情况下,可以确定不同压入深度所对应的接触面积的大小。目前,大多数纳米压痕测试的目的是从加载阶段的载荷-位移曲线中得到样品材料的弹性模量和硬度,此外,还可以通过测量卸载阶段的接触刚度,来获得试样材料的弹性模量。目前纳米压痕仪所配备的压头通常为球体或锥体状。

1.3.1　压头类型

1.　球形压头

由于接触面积大,球形压头可以获得局部材料的平均意义的力学性能,因此越来越受欢迎。为了便于安装,压头通常被制成球形锥体,如图 1-2 所示。这种类型的压头实现了从弹性到弹塑性接触的平稳过渡,特别适用于测量硬度较低的金属材料。通过常规加工方法,可以制造半径小于 1 μm 的金刚石球形压头,但在亚微米尺度下难以制造出高质量的金刚石球形压头,使其应用受到限制。

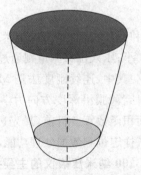

图 1-2　球形压头示意图

2. Berkovich 压头

Berkovich 压头为三棱锥形状,几何形状如图 1-3 所示。棱面与中心线的夹角为 $65.27°$,棱边与中心线的夹角为 $77.3°$,可以通过投影的方法近似得到接触面积 $A = 24.5\,h^2$,其中 h 为压入深度。Berkovich 压头是目前纳米压痕测量中最常用的压头类型,主要用于局部材料硬度和弹性模量的测量。

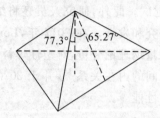

图 1－3　Berkovich 压头示意图

3. 圆锥压头

如图 1－4 所示，圆锥具有更加简单的自相似几何形状，但由于难以加工出理想精度的圆锥压针，因此此种类型压头在小尺度测试中很少使用，而在大尺度测试中应用较多。圆锥压头尖端的加工精度对材料测试结果影响较小。

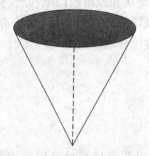

图 1－4　圆锥形压头示意图

1.3.2　纳米压痕仪

1. 美国 MTS 公司纳米压痕仪

MTS 公司主要生产了 XP、SA 和 G200 三种型号的纳米压痕仪。上述仪器采用电磁力驱动，通过改变电流的大小，来计量载荷大小；压入位移测量则通过电容位移传感器来实现。压入模式包括准静态加载模式和连续刚度法。其中，连续刚度法是 MTS 公司的专利技术，能给出硬度和模量随压入深度的连续变化，以便研究薄膜沿深度方向力学性质的梯度变化、材料的黏弹特性，实现恒应变速率控制、校准压针的面积函数等。目前，最先进的 G200 产品具有较高的位移和载荷的控制精度，并且有较为准确的试样定位和数据处理功能，其主要技术指标见表 1－1。

表 1－1　G200 纳米压痕仪的主要技术指标[7]

位移精度/nm	<0.01
压头总行程/nm	1.5
最大压入深度/μm	>500
加载方式	电磁力
位移测量	电容传感器
最大载荷/mN	500

2. 瑞士 CSM 公司微纳米力学综合测试系统

CSM 公司所生产的纳米力学综合测试系统可以对微米至纳米尺度的材料表面力学性能进行检测,包括压入、划入、摩擦、磨损等,此外还可以进行表面形貌观测,是综合性能比较突出的力学测试平台之一,主要包括纳米压痕测试仪、纳米划痕测试仪、原位成像原子力显微镜、光学显微镜及 CCD 系统。其中纳米压痕仪的主要技术指标见表 1-2,纳米划痕仪的主要技术指标见表 1-3。

表 1-2　纳米压痕仪的主要技术指标

法向加载力/mN	0~300
加载分辨率/nN	40
最大压入深度/μm	20
位移分辨率/nm	0.03

表 1-3　纳米划痕仪的主要技术指标

加载力/N	0~30
加载分辨力/mN	0.1
最大压入深度/μm	500
位移分辨力/nm	1.5
摩擦力范围/N	0~30
最大划痕长度/cm	2
划痕速度/(mm·min^{-1})	0.1~20

纳米力学综合测试系统所配备的光学显微镜放大倍数为 50~1 000。CCD 系统可用于拍摄压痕、划痕的形貌。原位成像原子力显微镜用于在纳米尺度下观测压痕、划痕的三维形貌,水平方向的观测范围为 20 μm,垂直方向的观测范围为 2 μm,分辨力为 1 nm。

3. 美国 Hysitron 公司纳米力学测试系统

Hysitron 公司主要有 TriboIndenter、Ubi1 和 TriboScope 三种型号的纳米力学测试系统。该系统可以利用各种形状的金刚石压头在样品的表面进行压痕、划痕实验,通过探针压痕或划痕来获得材料表面的硬度、弹性模量、断裂刚度等力学参数。此外,可以对压痕或划痕后表面形貌进行原位成像。下面以 TriboIndenter 纳米压痕仪为代表进行介绍。

TriboIndenter 纳米压痕仪为低载荷原位纳米力学测试系统,可进行压入和划入测试,表 1-4 给出了 TriboIndenter 纳米压痕仪的技术指标,其工作原理与接触式原子力显微镜类似,使用测针直接对样品进行扫描成像。优点为:原位成像速度快,不需要装卸样品或者更换测针,几秒钟便可找到所需扫描的压痕或划痕区域;扫描范围大,水平扫描范围是边长为 60 μm 的正方形,垂直扫描范围为 3 μm;传感器可以直接固定在压电型三维扫描器上,从而实现三维高精度的压针定位和原位成像。

表 1-4　TriboIndenter 纳米压痕仪的主要技术指标[8]

压　痕		划　痕	
最大载荷/mN	100/30	最大载荷/mN	2
载荷分辨力/nN	<1	载荷分辨力/μN	3
载荷噪声水平/nN	100	载荷噪声水平/μN	10
最大压入深度/μm	20	最大划入深度/μm	5
位移分辨力/nm	0.000 2	最大划入长度/μm	15
位移噪声水平/nm	0.2	位移分辨力/nm	4
热漂移/(nm·s^{-1})	<0.05	位移噪声水平/nm	10
		热漂移/(nm·s^{-1})	<0.05

4. 英国 MML 公司微/纳米力学测试系统

MML 公司主要从事微/纳米力学测试仪器的研发,所生产的 NanoTest Vantage 仪器主要技术指标见表 1-5。在同一加载装置上,该仪器集成了压痕、划痕和冲击三种模块。在压痕模块中,利用固定在钟摆上端的电磁线圈驱动压针接触样品表面,钟摆由无摩擦的弹簧弯曲支撑,压入深度由电容式位移传感器测量。在划痕模块中,样品垂直于压针移动的方向运动,钟摆的支撑弹簧在划入方向上的刚度足够大,当划入载荷增加时,可以减少由加载头倾斜所造成的影响。在冲击模块中,钟摆上加准静态载荷,推动样品使压针冲击样品表面,可进行单次和多次冲击。该仪器还有温度台、湿度箱、原子力显微镜、声发射传感器、粉末黏附模块组件可供选择。该仪器的测试操作空间大,采用的立式加载结构设计可以将驱动测试和样品夹持分为独立的两部分,便于温度台和湿度箱的安放以及使用者添加其他装置。

表 1-5　NanoTest Vantage 仪器的主要技术指标[8]

最大载荷/mN	500
载荷分辨力/nN	50
位移分辨力/nm	0.02
最大压入深度/μm	50
温度控制/℃	室温~500
湿度控制/(%)	15~90

1.4　纳米压痕应用优势及限制

随着纳米压痕技术的不断发展,纳米压痕仪在多个领域得到了广泛应用。它可以根据荷载-位移曲线得到材料的硬度和弹性模量值,还能够定量表征材料中的残余应力、脆性材料的断裂韧性和薄膜材料的力学性能等。由纳米压痕可以得到所有通过单轴拉伸和压缩测试得到的力学性能参数,并且还可以从中得到更多的信息。

　　由于纳米压痕技术的研究涉及材料力学、有限元理论、弹塑性力学等多门学科,同时,影响其测量精度的因素复杂多变,例如,压头与材料之间接触和摩擦,表面粗糙度、表面能、剪切带和位错等会影响压痕响应,因此在使用纳米压痕建立本构模型并确定力学性能时,应当考虑以下情况:

　　(1)纳米压痕测量原理中,假设样品表面为理想平面,因此样品表面的粗糙度对接触深度的影响很大,需要确保压入深度与样品厚度的比值合理。

　　(2)坏境温度的波劲会导致样品和测试系统的膨胀和收缩,从而引起压入深度测量的热漂移,需要进一步校准测试结果。

　　(3)针对薄膜/基体组合材料,薄膜与基体之间的界面效应对薄膜力学性能压痕测量具有一定的影响。

　　(4)在纳米压痕实验中,压入深度为纳米至微米量级,压痕位置使测试结果具有一定的随机性,需要增大测试数量,从而减小测试误差。

　　(5)在脆性材料的纳米压痕试验中,可能存在位于亚表面或尺寸过小而无法察觉的微小裂纹,因此脆性材料的纳米压痕测试具有一定的局限性[9]。

1.5　小　　结

　　纳米压痕技术是一种新型的在微/纳米尺度下的材料力学性能测量技术,在诸多领域有着广阔的应用前景和发展潜力。近年来,国内外学者在纳米压痕技术的测量精度、理论建模以及压痕形貌等方面开展了大量研究,且取得了阶段性成果。随着电子芯片行业的快速发展,利用纳米压痕方法以及更加先进的计算和理论方法快速而准确地获得薄层材料的原位力学性能,可以显著提升产品可靠性评估效率和科学性,有望取得突破性进展,并能够在我国工程实践中获得巨大的经济效益和社会效益。

参 考 文 献

[1]　OLIVER W C, PHARR G M. Nanoindentation in materials research: past, present, and future[J]. MRS Bulletin, 2010, 35(11): 897 - 907.

[2]　HAY J. Introduction to instrumented indentation testing[J]. Experimental Techniques, 2009, 33(6): 66 - 72.

[3]　HAY J, AGEE P, HERBERT E. Continuous stiffness measurement during instrumented indentation testing[J]. Experimental Techniques, 2010, 34(3): 86 - 94.

[4]　EBENSTEIN D M, COUGHLIN D, CHAPMAN J, et al. Nanomechanical properties of calcification, fibrous tissue, and hematoma from atherosclerotic plaques[J]. Journal of Biomedical Materials Research, 2009, 91A(4): 1028 - 1037.

[5]　LONG X, HU B, FENG YH, et al. Correlation of microstructure and constitutive behaviour of sintered silver particles via nanoindentation[J]. International Journal of Mechanical

Sciences，2019，161：9.

[6] LONG X，JIA Q P，LI Z，et al. Reverse analysis of constitutive properties of sintered silver particles from nanoindentations [J]. International Journal of Solids and Structures，2020，191－192：351－362.

[7] 高阳. 先进材料测试仪器基础教程[M]. 北京：清华大学出版社，2008.

[8] 张泰华. 微/纳米力学测试技术及其应用[M]. 北京：机械工业出版社，2005.

[9] MARSHALL D B，LAWN B R. Indentation of Brittle Materials[M]// BLAU P J，LAWN B R. Microindentation techniques in materials science and engineering. Philadelphia：ASTM，1986：26－46.

第 2 章　纳米压痕有限元仿真方法

2.1　简　　介

随着现代电子器件结构的密集化,运用传统的方法测量微小器件较为困难,并且无法满足所需的精确要求,而纳米压痕技术很好地解决了传统测量方法的弊端。纳米压痕技术最早起源于国外,称为深度敏感压痕(Depth Sensing Indentation)技术,由于所需测试样品制备简单、测试位移和荷载分辨率高,因此,利用该技术可在微纳米尺度下测量块体、薄膜等结构的材料力学性能,主要通过计算机控制压头在材料表面压入一定深度、保载并完全复位,不仅可以测定待测材料的杨氏模量和接触刚度等,还能够通过纳米压痕曲线获取材料诸多力学性能,如硬度、黏弹性或蠕变行为等。另外,通过纳米压痕所获得的基体材料荷载-位移曲线,结合压痕中的演算法分析方法,可以对材料弹塑性本构参数开展反推工作,从而获取材料的完整弹塑性本构关系。

纳米压痕技术被广泛应用于小尺寸块体材料和薄膜/基体材料的研究。为了更加准确地了解、掌握和分析纳米压痕测试过程以及结果,需要对压头与基体之间的接触过程进行理论及数值仿真分析。在球形压头与基体之间的弹性变形阶段,可以采用经典的接触力学方法进行求解,对于锥形压头以及更加复杂的弹塑性变形所引起的非线性现象,本书采用有限元仿真软件 ABAQUS 对压头与基体材料的变形过程进行数值分析。

2.2　压痕问题的接触力学理论分析

对于纳米压痕的有限元模型,接触分析的设置可以直接影响其计算结果精度,而在实际工程应用中,不同结构或构件的接触问题是极其复杂的,也是强度失效、变形失效和疲劳失效的重要原因,例如火车轮轨接触、齿轮啮合接触、轴承零件内部接触等。因此,为了更加合理地分析构件设计寿命和所需材料的性能,需要计算得到接触部位的应力及应变分布情况。当应力和应变较小时,上述接触问题可以简化为弹性 Hertz 接触问题,即在微小接触区域上的微小弹性变形接触问题,可采用 Hertz 接触理论计算接触应力。而对于纳米压痕的有限元模型而言,其合理性将直接影响计算结果的正确性。因此,在进行纳米压痕的弹塑性分析之前,应通过弹性分析来验证所创建的有限元模型的正确性,将已知的本构模型及参数分别赋予所建有限元模型与 Hertz 理论所涵盖的球形压痕计算。若所获得的预测压痕载荷响应与 Hertz 理论的理论解一致,则可证明所建立的有限元模型能够准确地预测压痕响应,同时应排除网格敏感性和收敛稳定性等常见数值仿真问题。Hertz 理论的求解公式为

$$P = \frac{4}{3} E_m a^{0.5} h_e^{1.5} \tag{2-1}$$

式中:P 为压头上施加的压痕载荷;a 为球形压头的半径;E_m 为基体材料杨氏模量;h_e 为弹性压入深度。

　　需要注意的是,由于初始接触状态不同,接触类型通常分为点接触和线接触。两个物体开始接触时,只有一点接触,这种情况称为点接触;两个物体开始接触时是一条线的情况称为线接触。这些接触通常都可认为是 Hertz 接触问题,但需要注意几点求解 Hertz 问题的前提假设:①接触体材料始终处于弹性状态;②接触区域表面是理想光滑的二次曲面,不考虑摩擦因素;③与弹性体表面的曲率半径尺寸相比,接触面尺寸足够小;④接触压力分布模式与接触区域形状和接触表面相适应。

　　对于球形压头,Hertz 解在大多数情况下可用来验证纳米压痕模型的正确性。球形压头纳米压痕实验可用于获取各种材料的力学特性,所依据的理论是经典 Hertz 接触模型。由于经典 Hertz 模型的前提假设是小变形,当测量软材料需要压入深度(相对于压头半径)比较大时,Hertz 模型可能会产生较大误差。因此需要对接触半径和压入深度的显式关系式进行一些合理的修正,使得在一定压入深度时,可获得与有限元结果相吻合的理论解。

2.3　纳米压痕的有限元模型

　　目前纳米压头的种类较多,压头材质主要是金刚石和蓝宝石。如按形状区分,压头主要有锥形压头、球形压头、圆柱形压头和楔形压头等。其中,锥形压头最为常用,包括三棱锥的玻氏(Berkovich)压头和立方角(Cube-Corner)压头,以及四棱锥的维氏(Vicker)压头和努氏(Knoop)压头。本书有关纳米压痕实验内容采用 Berkovich 压头,其优点包括容易获得好的加工质量,较小载荷就能引起材料塑性变形,以及可减小摩擦的影响。

　　纳米压痕技术是目前较为成熟的测量块体与薄膜等结构本构性能的方法,常用于用传统方式较难测量的微纳米尺寸的材料。在利用纳米压痕技术测量材料力学性能的理论方法中,应用最广的是 Oliver-Pharr 方法,该方法是由 Oliver 和 Pharr 提出的,利用不同的轴对称压头的几何外形与平整的弹性平面之间压入深度的关系,经改进得到了一整套计算方法。即,先利用测量得到的压头在加载和卸载的两个过程中载荷和压入深度的实验结果,得到载荷-位移曲线,再进一步计算被测材料的硬度和弹性模量[1-2]。

　　完整的纳米压痕过程是典型的非线性力学行为,临近压头区域的边界条件以及材料变形情况随压入深度而发生不同的变化,因此难以利用解析法得到材料的塑性相关参数。在过去的几十年里,纳米压痕法被广泛用于评估材料的本构关系,其本质是利用不同类型压头(如球压痕和不同半角的锥形压痕)的纳米压痕实验结果,建立纳米压痕响应与弹塑性各向同性材料应力-应变曲线之间的定量联系。受限于实验研究的复杂性,采用有限元方法及基于其结果的无量纲分析,可极大地提升研究效率和揭示问题的本质。建立纳米压痕的有限元模型是进行纳米压痕仿真计算的重要前提,其计算结果的准确性直接决定了后续分析结论的合理性。一般而言,纳米压

痕的有限元模型主要包括微/纳米级别的压头和受压基体,如图 2-1 和图 2-2 所示。

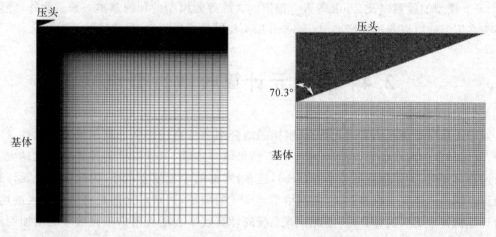

图 2-1　Berkovich 的纳米压痕模型整体示意图　图 2-2　Berkovich 的纳米压痕模型局部示意图

　　为了避免三维建模的计算量过大,本书采用轴对称二维建模方法。在一个完整的纳米压痕有限元计算中,三维有限元模型将对计算结果的收敛性造成很大的影响,并且需花费较长时间,因此,将纳米压痕中的三维纳米压痕有限元问题转换为二维模型仿真,可以极大程度地减少计算时间与计算量,并且精度也不会降低。下面通过介绍 Berkovich 压头具体的等底面积原则、等体积原则、等侧面积原则和等角原则几种形式的等效分析,将三维的 Berkovich 压头转换成二维压头。

　　等底面积等价是根据三维非圆锥压头和圆锥压头与被压材料接触面的竖直投影面积相同进行压头二维化的求解,根据该原则,可得到三棱锥顶角和圆锥半锥角之间的转换关系,进而换算出等价的圆锥压头的半锥角为 70.3°。等体积等价原则是根据三维非圆锥压头和圆锥压头嵌入被压材料的压入体积相同来进行二维压头尺寸的求解。根据三棱锥和圆锥的体积公式可知,对于正三棱锥压头来说,等底面积原则与等体积原则是完全等价的,因此,对于一般的三棱锥、四棱锥等具有规则几何形状的压头,等底面积原则与等体积原则是完全等价的。等侧面积等价是根据三维非圆锥压头和圆锥压头与被压材料接触面积相同来进行理论转换的,通过该转换关系也可以求得圆锥半锥角。等角原则是使三棱锥压头顶角和圆锥压头半锥角相等,来计算圆锥压头的半锥角。采用以上四种方法,都能够通过相似的转换方法来进行圆锥半锥角度数的求解,二维 Berkovich 压头转化后便可进行纳米压痕有限元模型的求解,并且计算精确度与三维未转换时并没有太大出入。

　　笔者工作中实际使用的是 Berkovich 金刚石压头,该类压头为三棱锥形,棱面与中心线的夹角为 65.3°,棱边与中心线的夹角为 77.05°。因此,本章所使用的三维 Berkovich 模型可以对应以上情况,简化为竖直角为 70.3°的二维直角压头,如图 2-2 所示。用于进行纳米压痕的 Berkovich 压头通常使用金刚石材料,此材料的弹性模量为 1 107 GPa,泊松比为 0.3,较大的压头弹性模量可以避免计算过程出现计算误差。另外,为了简化计算并使有限元模型更好地收敛,许多学者也会将金刚石的 Berkovich 压头换为刚体。金刚石材料的纳米压头使得基体材料有了更广泛的选择,大部分研究人员将常见的金属材料作为基体材料来进行纳米压痕实验,一小部分研究人员也将非金属材料作为基体材料来进行力学性能的求解[3]。

本书后面章节所使用的 Berkovich 压头,均等效为半角为 70.3°的对称圆锥,与三维 Berkovich 模型的预测以及 Zhuk 等人[4]报道的二维等效模型的预测基本一致。此外,等效锥形压头在压痕处可以获得与标准 Berkovich 压头相同的投影面积-位移函数关系[4-5]。

2.4　有限元计算收敛性要点

对于一个完整流程的有限元仿真,网格的划分细节可直接影响计算结果的精确性。一般认为,使用越多的网格单元,有限元模型计算结果就越准确,但计算机的计算量也就越大。在划分网格单元时,为结构特征边布种(seed)越多,网格的单元便会越小,因此在有限元计算时离散误差越小。但需要指出的是,随网格单元尺寸的减小,网格单元数量将呈现极大的增长,会给计算机带来更大的计算量,因此计算系统的计算效率会随着网格单元数量的增加而逐步降低。

对于接触分析,有限元分析过程中过多地减小单元尺寸或增加单元数量,对提高数值收敛性分析并没有太多帮助,反而会大大增加有限元模型的计算量。对给定的有限元几何模型而言,有限元模型的数值收敛性除了与网格划分细节相关外,与外部荷载条件及边界约束条件也有关,是影响有限元仿真计算收敛性的主要因素。

在求解有限元模型时,计算收敛性一直是困扰许多学者和工程师的问题。有限元计算不收敛的原因较多且难以解决,要解决或避免收敛性问题,就需要明确有限元模型求解的收敛性判断的主要过程。

根据有限元方法的理论,有限元解的总体泛函是由许多个单元泛函集成的,如果采用展开的完全多项式作为单元的函数,则有限元解在一个有限尺寸的单元内可以和理论解相同。但实际上,有限元的函数只能取有限项的多项式,因此有限元解只能是理论解的一个近似解。在有限元法中,每一个单元的泛函都有可能趋于它的精确值。但只有当单元的函数满足连续性要求,且整个系统的泛函趋近于精确值时,才可判断数值求解满足收敛性准则。也就是说,当选取的单元既完备又协调时,有限元解是收敛的。当单元尺寸趋于零时,有限元解趋于真正解。这就是有限元理论在应用中的收敛性[6]。需要说明的是,数学微分方程的精确解往往无法得到,甚至无法真正建立问题的数学微分方程,同时有限元解中通常包含多种形式和来源的误差(例如几何离散误差、计算机的截断误差和舍入误差)。虽然有限元问题的求解很难完美地收敛于精确解,但在实际操作中需要设置一定的残差(Residual Tolerance)。默认情况下,ABAQUS/Standard 要求每个节点的最大残差小于或等于时间平均力的 0.5% 时才认为迭代收敛。相比全局收敛,局部收敛的方法要求模型中的每个节点都必须满足一个或多个收敛条件时,才能认为迭代已经收敛。因此,在保证迭代计算量及效率在可接受范围内的前提下,应选取尽可能小的残差,以保证近似解接近问题的精确数学解。

在有限元计算中,计算不收敛问题来源于多个方面,在此仅汇总用于提高接触分析的有限元计算收敛性的常见方法。

(1)在设置接触分析时,可以先设置一个预接触。即,先单独设置一个分析步(Step),让压头和基体的两个面相互接触。在执行这个分析步时,接触面的过盈可设置为 0.001 左右,然后移除作用于两个接触体的力及接触方向的自由度。

（2）在有限元模型中需要施加的载荷较多的情况下，可将模型中的载荷分成多步进行施加。由于将所有载荷全部施加于结构，可能使整体分析模型无法在规定的迭代次数内收敛，因此建议根据需要，通过设置多个分析步，逐渐施加载荷，以便让有限元迭代计算更加易于达到平衡状态。类似地，如果有限元模型中需要设置多个接触分析，也可以设置多个分析步，分多次实现多个接触条件。

（3）在设置接触分析与载荷分析的多个分析步后，如果仍然无法解决有限元模型的收敛性问题，建议查看并确定出现不收敛问题的具体的分析步，并将载荷施加的顺序与该分析步的设置顺序进行交换。除此之外，还可将载荷分析步进一步细化，然后再次进行施加。

（4）对于接触分析不收敛的情况，建议查看有限元模型的接触面设置。有限元软件中的默认设置一般为面面接触及有限滑移（Finite Slide），但是对于压痕过程的有限元模拟来说，可尝试修改为点面接触和小滑移，有可能会减少网格畸变的情况，进而防止沙漏现象的产生。如果修改后仍无法改善收敛性问题，建议进行局部网格的重新划分，避免由于网格不匹配导致计算结果不收敛。

（5）对于有限元模型较大的情况，如果在计算开始时便出现不收敛问题，建议将分析步中的 initial 和 minimum 对应的值进行调整，使得分析步的迭代步增量减小以提高收敛性。但在有限元模型不是很大的情况下，太小的时间增量步没有太大的调整意义，建议检查有限元模型本身是否存在边界条件等设置错误。

（6）在纳米压痕有限元计算中，压头部件与基体材料部件的网格划分也极大地影响计算模型的数值收敛性。通常情况下，压头与基体的网格单元尺寸应接近，或压头的网格单元应小于基体的网格单元，以减弱压痕仿真的收敛性问题。

整体而言，在常规的接触分析有限元仿真过程中，数值不收敛的原因更多的是结构建模过程中的不恰当设置，比如接触面的设置不合理或者网格划分不合理等。在实际调整过程中，如果通过上述调整措施仍无法改善收敛性问题，则建议调整或优化结构模型本身。

2.5　有限元模型的建模流程实例

正确建立纳米压痕模型是进行有限元分析的基础，基本步骤包括纳米压头与基体材料模型的建立、压头材料与基体材料属性的设置与赋予、分析步的设置、接触分析的设置、所需参数输出的设置、边界条件的设置与网格的划分等。因此，以具体的有限元建模步骤为例，本节详细介绍纳米压痕基本模型的建立方法。需要说明的是，本模型根据本章所介绍的等效原理将三维有限元模型进行简化，使之成为二维等效模型。所有操作是基于 ABAQUS（2017 版）有限元软件完成的，读者可使用类似的有限元软件建立此压痕仿真模型。

（1）ABAQUS 有限元模型的最基础部分是建立部件。纳米压痕模型主要分为压头部件与基体材料部件。此模型所采用的压头部件为常见的 Berkovich 压头，斜边与竖直直角边的夹角通过二维转化后为 70.3°；基体材料部件建模用简单的方形即可，可以简化为半无限大的平面。因此，相对于基体来说，纳米压头的尺寸很小，可参阅图 2-1 与图 2-2。

　　(2)赋予压头部件和基体部件的材料属性。主要材料参数是弹性模量和泊松比。如果需要描述材料的损伤性质，还可以在此模块中输入损伤参数。如图2-3所示，将已确定的材料属性赋予压头与基体的材料模型。图2-4所示为设置截面类型，图2-5所示为赋予材料截面属性。

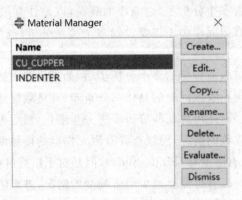

图 2-3　设置材料属性

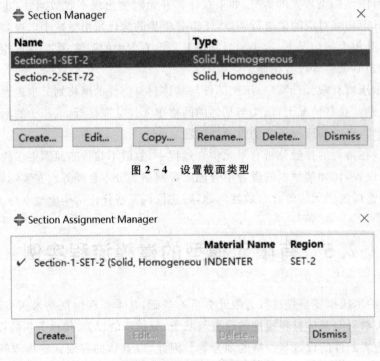

图 2-4　设置截面类型

图 2-5　赋予材料截面属性

　　(3)纳米压痕往往是一个完整的加、卸载过程，因此建议减少纳米压痕模型的分析步，设置两个连续分析步。图2-6所示为设置初始分析步。对于历史输出设置，需要在输出后处理所需要的参数，一般需要输出压头反力(reaction-force)与竖向位移，从而得到一条完整的压头载荷-位移曲线。如图2-7所示，如果在后处理中需要有限元模型分析的其他结果，则可以在场输出与历史输出设置中选中相应的参数。

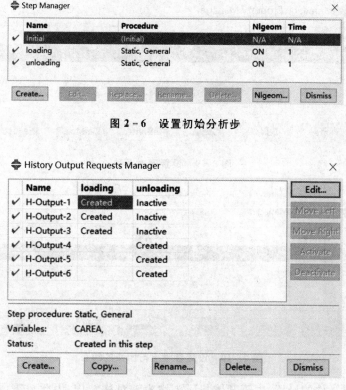

图 2-6　设置初始分析步

图 2-7　设置历史输出参数

（4）对于压头与基体的接触分析，一般有面面分析与点面分析两种类型。一般来说，点面分析的收敛难度要比面面分析大。纳米压痕在压入的过程中，压头与基体的接触面逐渐增大，选择面面分析更有助于确保压痕仿真结果的数值收敛性。图 2-8 所示为设置压头与基体接触，图 2-9 所示为设置摩擦系数，一般取为 0.1。为了更方便地控制压头对基体材料的压入过程，建议在压头处设置一个参考点 RP，将参考点与压头绑定在一起，如图 2-10 所示，这里主要选择 Rigid body。在压头压入时，只需要控制参考点往下压入的位移，便可以控制压痕过程中的压入深度。

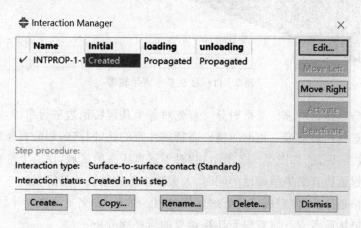

图 2-8　设置压头与基体接触

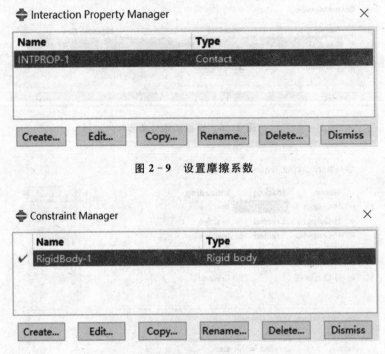

图 2-9　设置摩擦系数

图 2-10　设置参考点与压头的约束

(5)关于边界条件的设置,由于基体与压头均为轴对称结构,因此只需要按照轴对称变形特性设置边界条件即可。在边界条件设置的模块中,将对称轴与下底边固定,再控制参考点RP(见图 2-11),给予一定量的向下位移,即压头的压入深度。图 2-12 为纳米压痕模型整体边界条件的设置。

图 2-11　压头参考点示意图

(6)对压头与基体材料进行网格划分。首先对各个几何特征边进行布种,之后选择有限单元的类型,可以选择四边形或三角形网格。需特别注意的是,网格的划分直接影响运行的计算量和模型的收敛性,因此,如图 2-12 所示,相对于远离压头的区域,压头下部的网格应更加密集,从而可以在保证仿真结果精确性的同时,大大减少整体结构的计算量。

(7)完成网格划分后,便完成了前处理建模过程。然后,提交文件执行计算,以进行压痕模型的计算,后续可按照需求开展有限元计算结果的后处理分析。

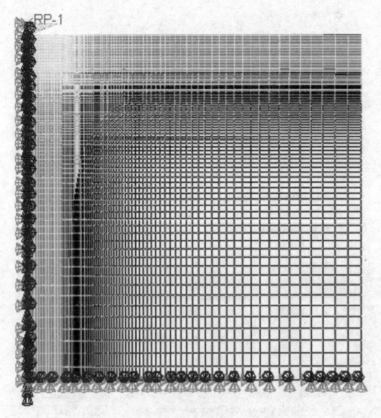

图 2-12 纳米压痕模型整体边界条件的设置

2.6 有限元仿真后处理方法

对于纳米压痕仿真而言,最常用的就是在后处理中导出载荷与时间的关系、位移与时间的关系,从而得到整个压痕过程中的压头载荷-位移曲线。基于此结果,可进一步开展压痕反演算法的计算与理论推导。

利用已经完成计算的纳米压痕模型,研究人员可从 ABAQUS 软件后处理模块中打开 ODB 文件,在后处理模块中选定压头上参考点 RP,输出压头竖向反力 RF2 与竖向位移 U2,组合起来后便可得到完整的载荷-位移关系曲线。图 2-13 所示为选择所输出的参数,图 2-14 所示为输出载荷与位移关系。

通过上述方法,也可以获取基体材料某一点上应力、应变与时间的关系曲线,进行组合后便可以得到基体材料中任意位置的应力-应变关系。对于一些复杂结构仿真,通过此方法,可快速而准确地导出并分析结构特定部位的力学特性。图 2-15 与图 2-16 所示分别为纳米压痕的压头下基体材料的应力云图与应变云图,可以看出其存在明显的应力集中区域,并呈现梯度变形/应变特征,这为后续理论分析提供了重要依据。

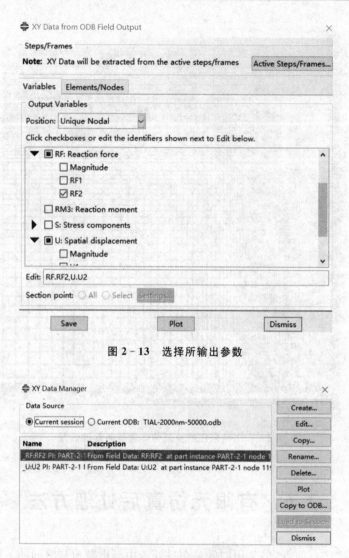

图 2 - 13　选择所输出参数

图 2 - 14　输出载荷与位移关系

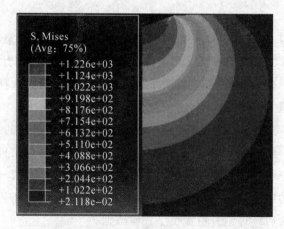

图 2 - 15　纳米压痕的压头下基体材料的应力云图

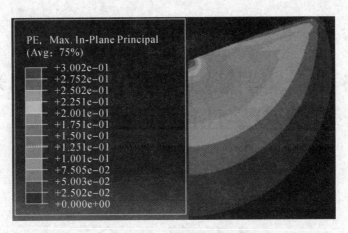

图 2 - 16　纳米压痕的压头下基体材料应变云图

参 考 文 献

[1] SNEDDON I N. The relation between load and penetration in the axisymmetric boussinesq problem for a punch of arbitrary profile [J]. International Journal of Engineering Science，1965，3(1)：47 - 57.

[2] OLIVER W C. An improved technique for determining hardness and elastic modulus using load and displacement sensing indentation experiments [J]. Journal of Materials Research，1992，7(6)：1564 - 1583.

[3] WANG M，LIU S，XU Z,et al. Characterizing poroelasticity of biological tissues by spherical indentation：an improved theory for large relaxation [J]. J Mech Phys Solids，2020，138：103920.

[4] ZHUK D I, ISAENKOVA M G, PERLOVICH Y A,et al. Finite element simulation of microindentation [J]. Russian Metallurgy, 2017, 2017(5)：390 - 396.

[5] DAO M，CHOLLACOOP N，VLIET K J V，et al. Computational modeling of the forward and reverse problems in instrumented sharp indentation [J]. Acta Materialia，2001，49(19)：3899 - 3918.

[6] 王勖成. 有限单元法 [M]. 北京：清华大学出版社，2003.

第 3 章　基于球形压头的烧结纳米银力学性能研究

3.1　简　　介

电气设备小型化和绿色环保化的发展趋势显著。在消费类电子领域,无铅焊料正在取代传统的具有可靠力学性能的含铅焊料。然而,在高温服役环境下,各种焊料合金的力学性能(如屈服率、极限强度和抗蠕变性)明显下降。基于 SiC 技术的功率器件工作温度可高于 200℃,鉴于更高的电压和功率,贴装材料力学性能退化成为下一代半导体技术的高速发展的技术瓶颈。此外,为了增加材料之间界面的导热效率,特别是在大功率电气设备中,热控制成为热传导的严重瓶颈,并限制了器件性能的进一步提升。

3.2　烧结纳米银材料的封装应用

为了限制某些有害物质(RoHS),减少商业产品中含铅焊料的使用,无铅焊料在过去几十年中已经取代了富铅焊料。同时,电子封装器件的小型化显著提高了功率密度。热处理成为提高特征密度技术的限制因素。与传统锡基钎料相比较,烧结银纳米颗粒(AgNPs)具有优越的导电和导热性能。因此,它被认为是工作温度大于 250℃ 的大功率电子器件的一种很具应用前景的无铅贴装材料。为了进一步提高 AgNP 的导电性,研究人员合成了一些新型的纳米银基材料,如纳米银颗粒修饰的石墨烯氧化物。通过将颗粒尺寸减小到纳米级,可显著增加银颗粒的表面能,并降低纳米银颗粒的烧结温度。因此,烧结温度可以与工作温度不同,这使得制造一种可以在低温下烧结并在高温下工作的模具连接材料成为可能,进而可以满足大功率电气设备的封装要求。

烧结纳米银在导热性和导电性方面显示出很大优势。与块体材料相比,烧结纳米材料,如纳米银颗粒(AgNP)可在更低的温度下完成烧结,从而使封装过程与其他相关材料兼容。更重要的是,从理论上而言,直至熔点(961.8℃),烧结纳米银均可以提供较好的机械强度。因此,这使得烧结纳米银成为在高工作温度下传统贴装材料的理想替代品。此外,SiC 颗粒的加入将提高 Sn-Ag-Cu 焊料合金的机械强度,这是由于 SiC 颗粒提供了更多的成核位点,形成自发的分散系统,以阻止位错滑移,并通过抑制热循环过程中的黏结失效,提高烧结纳米银的高温可靠性。基于此,近年来众多学者重点研究了 SiC 颗粒符合增强纳米银材料的本构行为,以加快其在未来半导体器件中的应用步伐,有效提升功率器件封装结构的力学可靠性。

与耗时、昂贵的实验相比,采用有限元分析是作为评价电子封装结构机械可靠性的常用方法。对电力电子模块装配中烧结银互连,2015 年 Rajaguru 等人利用有限元模型计算了 SiC 芯片烧结银层界面上塑性应变的分布,以及从已公布的数据中获得的烧结银互连的材料特性。2018 年 Chen 等人在引入基于固体多孔银结构的电力电子模块的贴装技术时,采用了三维有限元分析法来阐明应力诱导迁移引起的贴装机理,并且采用纳米压痕法评估了多孔银和表面抛光层的材料性能。值得注意的是,尽管已有一些材料数据库,但烧结纳米银等先进贴装材料的本构关系仍不确定,或性能参数过于分散。更重要的是,有限元预测的准确性在很大程度上取决于材料本构特性的可靠性。因此需要对新型贴装材料的本构关系和关键力学参数进行合理测试。

在过去的几十年里,纳米压痕法被广泛地用于评估材料的本构关系。从本质上讲,此种方法的重点是通过不同类型压头的纳米压痕,如不同半角的球面压痕和锥形压痕,将纳米压痕响应与弹塑性各向同性材料的应力-应变曲线联系起来。对于烧结纳米银,2017 年 Leslie 等人将压痕法和有限元分析法相结合,对无压烧结银互连材料的黏塑性行为进行了表征,结果表明,利用有限元分析和解析模型,均可以实现烧结纳米银材料蠕变变形的下限和上限测量。2018 年 Long 等人采用了多应变率跳跃的加载方法,同时采用了连续刚度测量(Continuons Stiffness Measurements,CSM)技术,获得了应变率对硬度、杨氏模量和蠕变应变率等纳米力学性能的敏感性。然而,尽管试样表面经过仔细的研磨和抛光,但烧结纳米银的微观结构本质上是多孔的,因此烧结纳米银的受压面不是镜面状的,其表面粗糙度将导致到目前为止的可用的有限元分析和解析方法的初始加载阶段的可信度降低。

为了评估封装结构力学可靠性,必须准确描述烧结纳米银的本构行为。单轴拉伸试样是获得拉伸应力-应变关系最常用的方法之一,它与焊点的面积和厚度无关。尽管如此,与典型的焊料合金不同,烧结纳米银材料的单轴拉伸试样由于烧结面积大,必须专门制备,且成本较高。烧结纳米银的力学性能研究通常是在单调和循环剪切载荷下使用重叠试样进行的。由于研究人员是通过划分接头厚度的剪切变形来计算烧结纳米银搭接剪切接头的剪切应变的,因此剪切应变对接头厚度敏感性很高。银膏中有多种溶剂,避免了颗粒的聚集,因此在烧结过程中溶剂会蒸发,并可以观察到制备样品体积的收缩。已有实验研究表明,丝网印刷制备的样品厚度通常为 $50\sim100\ \mu m$。尤其是在烧结过程中产生收缩后,很难对其进行准确的控制和测量。因此,从记录的剪切力变形响应中提取剪切应力-应变关系的可靠本构模型仍具有一定的挑战性。

3.3 烧结纳米银材料的制备与微观结构

在制备纳米银颗粒时加入 SiC 微颗粒,经合成可得到用于大功率芯片贴装的纳米银浆。作为大功率电子器件中具有广泛应用前景的封装材料,本章将不同质量分数(0.0%、0.5%、1.0% 和 1.5%)的 SiC 微粒掺入烧结银纳米颗粒中。SiC 颗粒的特征尺寸为 $0.1\sim0.2\ \mu m$。与未加入的 SiC 微颗粒的烧结工艺相比,沉积在 SiC 微颗粒表面的纳米银颗粒有利于银原子在高温下扩散和在纳米银颗粒之间形成烧结颈。在 260℃下烧结 30 min 后,在表面镀有纳米银颗粒的 SiC 颗粒中加入平均粒径为 20 nm 的纳米银浆继续进行烧结。烧结完成后,用扫描电镜(Scanning Electron Microscope,SEM)对不同 SiC 含量的烧结纳米银的形貌进行观察,如图 3-1 所示。

不难看出，烧结纳米银的微观结构明显受 SiC 含量的影响，0.5% 的 SiC 含量会使得微观结构形态更加均匀、光滑，如图 3-1(c) 所示。三维多孔微观结构是由原子扩散驱动的烧结颈的形成和生长引起的。已有研究发现，尽管存在一定程度的差异，但表面和体积孔隙率都处于同一水平。由于表面可以被认为是三维体积的切片，因此可以利用典型表面的扫描电镜图像来揭示烧结材料的固有孔隙率，从而可以认为与添加其他质量分数的 SiC 相比，烧结添加了质量百分数为 0.5% SiC 颗粒的纳米银材料在烧结完成后的孔隙率较低。另一方面，20 000 的放大倍率、标尺为 3 μm 的 SEM 图像表明，当超过 0.5% 时，烧结纳米银颗粒尺寸随 SiC 含量的增加而增大。

使用 SEM 图像[见图 3-1(a)(c)(e)(g)]在 Photoshop 软件中进行了数字图像分析，以区分纳米银试样中烧结区域的灰度。如图 3-2 所示，孔隙率由 Photoshop 根据像素的微孔和整个图像计算，具体结果见表 3-1。黑色区域表示烧结区域之间的孔隙。显然，烧结纳米银孔隙率受 SiC 颗粒质量分数的影响。纳米银颗粒可以填充 SiC 微颗粒之间的孔隙，以获得较低的孔隙率，从而提高机械性能和热性能。然而，过度掺杂 SiC 微颗粒会影响纳米银材料的尺寸效应，增加烧结纳米银的孔隙率。研究人员利用聚焦离子束扫描电子显微镜层析成像技术对烧结银样品的三维微观结构进行了重构，可揭示孔隙率与导热系数的密切关系。已有相关研究发现，孔隙率为 56.1% 和 16.3% 的样品的导热系数分别为 82 W/(m·K) 和 310 W/(m·K)，电导率分别为 12×10⁶ S/m 和 45×10⁶ S/m。因此，图 3-1 所示的微观结构提供了令人信服的证据，表明质量分数为 0.5% 的 SiC 增强烧结纳米银能为声子和电子的扩散提供更加有利的路径，从而具有优越的导热性和导电性。

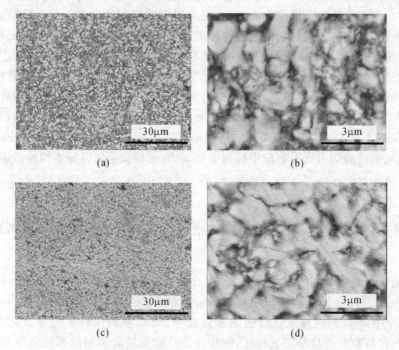

图 3-1 不同质量分数 SiC 微颗粒烧结纳米银样品的形貌
(a)0.0%，放大倍数为 2k；(b)0.0%，放大倍数为 20k；
(c)0.5%，放大倍数为 2k；(d)0.5%，放大倍数为 2k；

(e)　　　　　　　　　　　　(f)

续图 3-1　不同质量分数 SiC 微颗粒烧结纳米银样品的形貌

(e)1.0%,放大倍数为 2k;(f)1.0%,放大倍数为 20k;

(g)1.5%,放大倍数为 2k;(h)1.5%,放大倍数为 20k

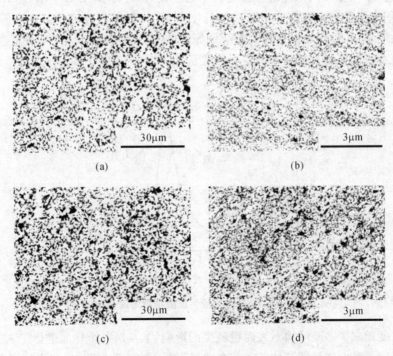

图 3-2　用于孔隙率计算的放大倍数 2k 倍灰度分析的黑白二进制图像

(a)0.0%;(b)0.5%;(c)1.0%;(d)1.5%

表 3-1　基于微孔和整个图像的像素的孔隙率

SiC 颗粒的质量分数/(%)	整个图像的像素	微孔的像素	孔隙率/(%)
0.0	307 200	66 484	21.64
0.5	307 840	44 381	14.42
1.0	307 200	77 900	25.36
1.5	307 200	76 352	24.85

3.4　纳米压痕试验与结果讨论

　　本章利用纳米压痕 XP 系统（美国 MTS Systems Corp. 制造）对制备的不同质量分数的 SiC 颗粒的烧结纳米银样品进行深度感应压痕试验（Depth Sensing Indentation，DSI），压痕应变率为 $0.05\ s^{-1}$。在 CSM 技术的基础上，采用力控制模式，在达到峰值位移之前，保持每一个时刻的力增加率与所施加力之间的恒定比率为 $0.05\ s^{-1}$。此外，在位移信号上施加微小的动态振荡，振幅和频率分别为 2 nm 和 45 Hz，从而可以测量弹性模量和硬度随深度的变化。图 3-3 所示为压痕荷载-时间曲线，试件厚度为 2.0 mm，由于最大压入深度为 2 000 nm，因此可以排除表面粗糙度对烧结纳米银试样的影响。用于纳米压痕的试件，由牙科所用的基丙烯酸树脂粉末固定于 PVC 管中。根据 2017 年 Chang 等人提出的方法，利用具有自相似性的 Berkovich 金刚石压头得到杨氏模量和硬度，相较于传统的 1992 年 Oliver 和 Pharr 所提出 Oliver-Pharr 方法[1]，本章所采用的方法更为精确。此外，本章采用了半径为 5.9 μm 的球形金刚石压头，用于测量后续数值模拟所采用的压痕响应，不存在数值收敛性和网格依赖性问题。具体样品制备、仪器仪表设置和实验结果等信息可参阅文献[2]。本章着重通过对烧结纳米银纳米压痕行为的有限元分析来确定本构关系。

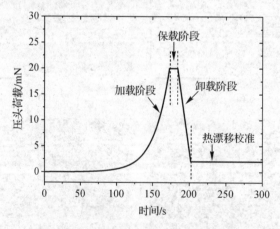

图 3-3　纳米压痕所用压痕加载时间记录

　　为最大限度地减少多孔结构对表面粗糙度的影响，本章对每个样品进行了 10 次重复压痕实验。根据相对于最大施加载荷的正态分布曲线，对重复压痕载荷-位移进行平均，以近似地得到最大施加载荷的平均值。图 3-4 所示的平均响应可被认为是具有代表性的压痕响应，并且可以基于有限元模拟来描述本构行为。正如 2014 年 Xiao 等人在实验中观察到的,在具有镜面光洁度的焊料合金上,只要施加恒定的压痕应变率,加载阶段就可以很好地被拟合为幂律函数。然而,烧结纳米银材料在本质上具有多孔微观结构,使得在试样上进行的重复压痕实验的初始加载阶段不易被拟合。因此,下式给出了一个修正的幂律函数,比较耗时的初始部分(由 C 控制)被忽略,压痕和材料之间接触后,重点拟合加载阶段的上升部分(由 A 和 B 控制),则有

$$P = Ae^{Bt+C} \qquad (3-1)$$

式中:参数 B 为所施加的恒定压痕应变率 $\dot{P}/P$,具体定义由 Hay 等人[3]提出。基于数值回归,参数 A 的平均值如图 3-5 所示,误差条表示每个试样重复压痕中的代表不确定性的标准偏差。图 3-5 中虚线表明,参数 A 在四种试样中的平均值大约为 9.94×10^{-3}。随着 SiC 含量的增加,参数 A 的平均值略有不同。材料硬度可以通过压痕载荷与接触面积之间的比进行测量,对于相同压痕面积和压痕深度,基本可以被认为是常数。这意味着在加载阶段对压头施加的载荷与材料硬度直接相关。图 3-5 表明,随着 SiC 含量的增加,参数 A 的值先增加后减小,与硬度的变化趋势相似。不同的 SiC 含量对应的硬度值分别为 0.31 GPa、0.40 GPa、0.31 GPa 和 0.38 GPa[2]。由于测量的纳米压痕加载阶段可以用幂律函数较好地拟合,因此假定在较浅压痕深度的初始加载阶段,表面粗糙度的影响可以合理地被排除。通过假设有限元模型中的理想表面,只有在压头压入一定深度后,才能排除表面粗糙度的影响,因此在较大压痕深度处对烧结纳米银压痕载荷-位移响应的预测才是可靠的。由于表面粗糙度是由烧结纳米银颗粒之间的空隙引起的,因此可靠的压痕有限元预测的压痕深度的阈值取决于烧结材料的孔隙率。

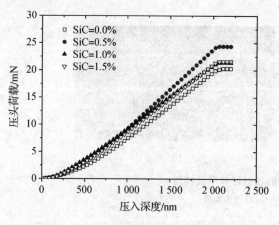

图 3-4　平均压头载荷-压入深度响应

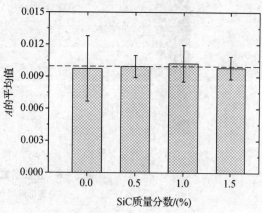

图 3-5　不同 SiC 质量分数烧结纳米银
试样参数 A 的平均值

3.5　球形压头的有限元分析

与传统的拉伸实验不同,应力-应变的本构关系不能直接由纳米压痕响应来测量。由于烧结材料表现出典型的黏塑性行为,对应变率非常敏感,利用有限元模拟,通过试错,确定屈服应力-塑性应变曲线,以匹配测量的压痕载荷-位移响应曲线。关于有限元模型中的材料性能,由纳米压痕响应确定杨氏模量,SiC 质量分数分别为 0.0%、0.5%、1.0% 和 1.5%,杨氏模量分

别为 9.51 GPa、10.01 GPa、10.95 GPa、13.38 GPa。显然,SiC 含量越高,杨氏模量越大。2014 年 Chen 等人在有限元模拟中假定泊松比为 0.37。

为了探讨孔隙率对压痕响应的影响,2018 年 Guo 等人将 Guson 模型应用于轴对称有限元模拟球面纳米压痕实验中,以模拟基体材料的本构模型。研究发现,孔隙率效应可以用孔隙体积分数描述为静水应力的函数,然而,几何非线性会使数值收敛性进一步复杂化,并导致数值收敛的发散问题,特别是对压入深度超过 1 000 nm 的情况。因此,本章将烧结纳米银的多孔微观结构简化为等效固体,基于杨氏模量和弹塑性本构行为来研究孔隙度效应。

图 3-6 给出了 ABAQUS 轴对称有限元模型,对烧结纳米银的基体材料的离散方案以及局部网格加密。所采用的固体单元 CAX4R 为 4 节点双线性,利用缩减积分和沙漏控制,并经过灵敏度分析,将压痕区域内的最佳网格尺寸确定为 50 nm,以实现与网格的独立预测,而不会出现数值发散问题,如图 3-6(b)所示。由于尖端半径较小,Berkovich 压头可以提供更局部的材料性能,而不仅是材料多孔结构的宏观力学性能。因此,本研究利用半径为 5.9 μm 的球面尖端,从压痕接触面积较大的非均匀材料中得出更多的平均多孔特性。在数值仿真中,本研究采用面-面接触,定义了压头和基体材料表面之间的接触关系。本章使用有限元模型进行的每个模拟实验都有 15 977 个 CAX4R 单元,采用 2.0 GHz 处理器和 64.0 GB RAM 的工作站在 4 h 内完成,计算效率尚可。图 3-7 所示为压痕仿真的轴对称有限元模型的三维效果。

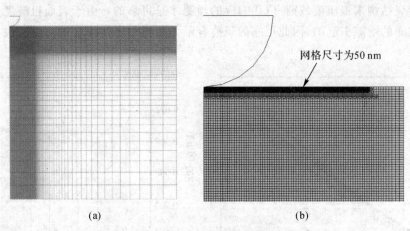

(a)　　　　　　　　　　(b)

图 3-6　压痕仿真的轴对称有限元模型
(a)整个模型;(b)局部网格加密

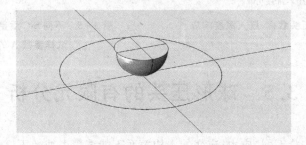

图 3-7　压痕仿真的轴对称有限元模型的三维效果

在进行弹塑性分析之前,应通过弹性分析从理论上验证所建立的有限元模型。对于两个各向同性弹性与球面之间的无摩擦接触,可以将预测结果与下式所给出的 Hertz 理论解进行

比较,即

$$P = \frac{4}{3} E_m a^{0.5} h_e^{1.5} \tag{3-2}$$

式中:P 为在半径为 a 的压头上施加的压痕载荷;E_m 为基体材料的杨氏模量;h_e 为弹性压入深度。

通过在 5～70 GPa 之间改变有限元模型中的弹性模量可以发现,有限元方法预测的压痕载荷-压入深度响应与 Hertz 理论的理论解一致,如图 3-8 所示。这表明所建立的有限元模型能够精确地模拟压痕响应,而不存在网格灵敏度和数值稳定性等问题。

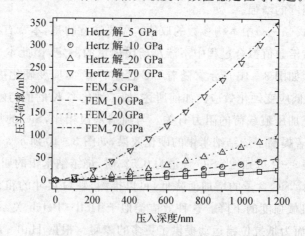

图 3-8　针对 Hertz 解的有限元模型的理论验证

需要注意的是,压头和烧结纳米银之间的摩擦系数的精确值是无法知道的,在有限元模型中,应用了一系列摩擦系数,发现摩擦系数不影响应用载荷压痕深度响应的预测。这与 1999 年 Mesarovic 和 Fleck 的研究结果一致,本研究中采用 2006 年 Chen 等人采用的摩擦系数的数值,即 0.1。为了准确描述弹塑性本构行为,在 ABAQUS 中开发了一种用户定义材料子程序,并将其作为有限元模型的本构模型。通过对烧结纳米银搭接-剪切试件开展剪切力-位移曲线研究,在下式中采用一个简单的本构模型,类似于已有研究中用于纳米压痕模拟的材料的应力-应变关系。实质上,本研究假定在屈服之前材料呈应力-应变线性关系,在屈服之后采用幂率方程来描述烧结纳米银的塑性行为。在此本构关系中,可以根据反演计算来确定其中的一些参数,则有

$$\sigma = \begin{cases} E\varepsilon, & \varepsilon \leqslant \sigma_y/E \\ K(\varepsilon - \varepsilon_y)^n, & \varepsilon > \sigma_y/E \end{cases} \tag{3-3}$$

式中:E 为杨氏模量;σ_y 为屈服强度;K 为加工硬化率;n 为应变硬化指数;等效塑性应变 $\varepsilon_y = \sigma_y/E$。Dean 等人于 2010 年的实验中所得数值模拟的研究结果表明,预测得到的压痕载荷-压入深度对 0～100 MPa 的材料加工硬化率表现出较弱的敏感性。尽管小于 100 MPa 的加工硬化率对纳米压痕响应的影响可以忽略不计,但硬化率的具体数值对本构关系的影响很重要,见式(3-3)。因此,结合杨氏模量 E、屈服强度 σ_y、加工硬化率 K 和应变硬化指数 n 等参数,就可以确定压痕响应的灵敏度。

本章利用本构模型参量更大范围的组合,进行了详细的数值研究,以获得与实验结果较为一致的纳米压痕响应。经过一定的偏移以达到合适的压入深度,直到压痕和基体材料之间紧

密接触，图 3-9 表明实验测量的压痕响应与有限元分析预测的压痕反应具有较好的吻合性。图 3-10 给出了不同质量分数 SiC 颗粒含量的烧结纳米银所表现出的塑性行为。应力-应变关系的区别在于烧结纳米银材料中不同的 SiC 含量。在烧结过程中，通过材料的致密化和形成稳定多孔微观结构，本研究获得了表面和界面能量的最小值。此外，通过消耗较小的颗粒，孔隙度随着颗粒尺寸的生长而演变。与 2015 年 Amoli 等人所得出的研究结论类似，在持续的扩散机制情况下，少量的 SiC 颗粒可能有助于在银浆中自由的纳米银颗粒和 SiC 微粒上的纳米银颗粒之间形成烧结颈。因此，对于含有 0.5% SiC 的烧结纳米银，式(3-3)所描述的塑料行为得到了更大程度的增强。

表 3-2 列出了式(3-3)中本构参数的取值。需要注意的是，本章直接采用了最近发表的杨氏模量取值[2]。由于数值拟合过程中不涉及杨氏模量的测定，因此本构参数可以通过使用 OriginPro 唯一确定，如图 3-10 所示。随着 SiC 含量的增加，应变硬化指数 n 降低，这意味着 SiC 颗粒的加入会降低应变硬化效应。如前所述，加工硬化率 K 的值与硬度呈相似变化趋势，这两者都与材料对施加压痕载荷的阻力有关。与纯纳米银相比，SiC 的加入使工作硬化率提高了约 2 倍，从而显著提高了烧结纳米银的硬化效果，如图 3-10 所示。

由图 3-10 和表 3-2 可知，当 SiC 含量为 0.5% 时，烧结纳米银的屈服强度增加到最大值 60.87 MPa，然后随着 SiC 含量的增加而降低，可以推测，颗粒尺寸的粗化效应可引起 SiC 颗粒强化烧结纳米银机械强度的下降。这种效应类似于 Hall-Petch 关系，因为较小颗粒具有较大的边界面积，从而为抵抗位错运动提供了更多的障碍。根据 Hall-Petch 关系，观察到颗粒尺寸强化效应，可用于优化 SiC 颗粒烧结纳米银的微观结构和力学行为。尽管在测试样品中很难获得残余压痕的横截面轮廓，但仍可通过扫描电镜检测残余压痕。图 3-11 所示的扫描电镜图像表明，残余压痕直径约为 8.8 μm，与压入深度为 2 000 nm 的球面压痕的接触面积半径一致。根据图 3-11(b)中的拓扑模式，只观察烧结纳米银残余压痕存在轻微的堆积现象，与焊料合金相比，烧结纳米银的塑性变形能力并不显著。但根据图 3-12 和图 3-13 所示的残余压痕的有限元仿真结果三维图和截面图预测得到的烧结纳米银本构模型，依旧存在一定程度的残余压痕塑性变形。为了证明本构模型的结果，在图 3-14 中对烧结纳米银模拟中压痕的横截面轮廓进行了比较。

当压头被挤压到基体中，直至压入深度为 2 000 nm 时，图 3-14 预测的缩进轮廓表明，相邻区域符合压头的诱导变形，但 SiC 质量分数为 0.5% 和 1.0% 的烧结纳米银在类似水平上表现出较好的塑性变形能力，这与图 3-14(b)所示的剩余压痕轮廓一致。当烧结纳米银的 SiC 质量分数分别为 0.5% 和 1.0%，其堆积变形更为明显。堆积效应是材料变形的硬化能力造成的，通过与塑性行为和本构参数的关联，发现与 SiC 质量分数为 1.0% 的烧结纳米银相比，含量为 0.5% 的烧结纳米银与硬化能力有关的所有参数，如屈服强度、加工硬化率、应变硬化指数等均较小，仅杨氏模量较大。因此，推测堆积变形也取决于杨氏模量。杨氏模量越大，更能有效补偿较低的硬化能力，使烧结纳米银在 SiC 质量分数分别为 0.5% 和 1.0% 的情况下的堆积变形水平相似，这一抵消机理得到了 1998 年 Bolshakov 和 Pharr 所进行的研究的验证。即当堆积变形显著时，材料不会表现出明显的硬化效果。此外，堆积变形对杨氏模量的影响也与温度有关，并且对接触面积的不准确评估也可能会严重高估材料的杨氏模量和硬度。

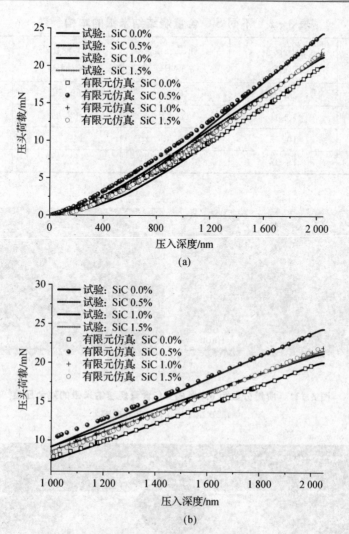

(a)

(b)

图 3 - 9 实验测量与有限元分析预测压痕响应的比较

(a)完整加载阶段;(b)较深的压入阶段

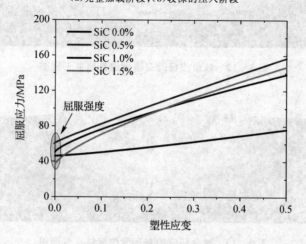

图 3 - 10 不同 SiC 含量烧结纳米银塑料性能比较

表 3 - 2   不同 SiC 含量烧结纳米银的本构参数

SiC 颗粒的质量 分数/(%)	杨氏模量 E/GPa	屈服强度 σ_y/MPa	加工硬化率 K/MPa	应变硬化指数 n
0.0	9.51	46.09	69.56	1.21
0.5	10.01	60.87	182.27	0.92
1.0	10.95	50.45	149.03	0.76
1.5	13.38	36.36	183.25	0.73

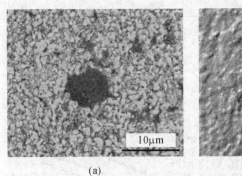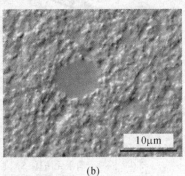

(a)   (b)

图 3 - 11   质量分数为 0.5% 的 SiC 含量烧结纳米银的残余压痕
(a)二次电子模式;(b)拓扑模式

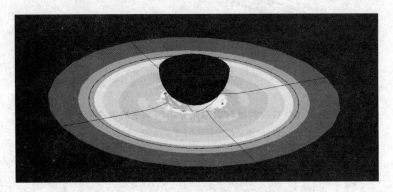

图 3 - 12   残余压痕的有限元仿真结果三维图

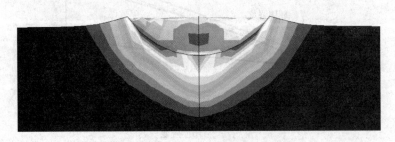

图 3 - 13   残余压痕的有限元仿真结果截面图

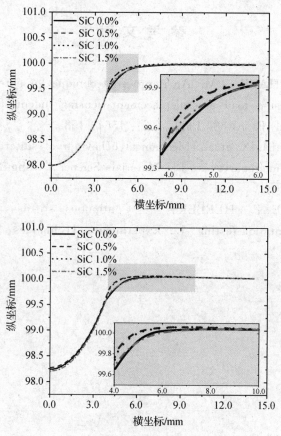

图 3-14　有限元模拟预测残余压痕剖面比较

(a)加载至 2 000 nm;(b)残余状态

3.6　小　　结

　　在采用球形压头的纳米压痕实验中,本章对不同 SiC 质量分数的烧结纳米银进行了轴对称简化,采用有限元方法有效地模拟了烧结纳米银的变形和荷载情况。通过调整所提出的本构模型中的参数,再现了压痕载荷-压入深度响应。如果利用足够压痕深度后的纳米压痕响应,就可以有效地避免表面粗糙度的影响。据此,在压痕载荷-压入深度响应的加载阶段,可以采用指数函数进行拟合。通过在足够的压痕深度(如 1 000 nm)后再现纳米压痕响应,有限元分析可以反映烧结纳米银的固有力学特性,并能唯一地确定本构参数。此外,研究发现,烧结纳米银中的微观结构和力学性能随 SiC 质量分数的变化而变化。当 SiC 质量分数为 0.5%时,计算得到的孔隙率低至 14.42%。相应地,均匀和光滑的形貌会导致更高的屈服强度。由于添加了 SiC 颗粒,烧结纳米银材料的加工硬化率提高了 2 倍。然而,由于 SiC 含量的增加,应变硬化指数呈现降低趋势。关于纳米压痕的残余分布,研究发现其硬化能力和杨氏模量与堆积现象有关。根据以上发现可知,烧结纳米银的力学性能的提升,可以通过调整和优化加入纳米银的 SiC 颗粒含量来实现。

参 考 文 献

[1] OLIVER W C, PHARR G M. An improved technique for determining hardness and elastic modulus using load and displacement sensing indentation experiments [J]. Journal of Materials Research, 1992, 7(6): 1564 - 1583.

[2] LONG X, LI Z, LU X, et al. Mechanical behaviour of sintered silver nanoparticles reinforced by SiC microparticles [J]. Materials Science & Engineering: A, 2019, 744 (28): 406 - 414.

[3] HAY J, AGEE P, HERBERT E. Continuous stiffness measurement during instrumented indentation testing [J]. Experimental Techniques, 2010, 34(3): 86 - 94.

第4章 基于球形压头的烧结纳米银力学性能的解析分析

4.1 简 介

纳米压痕技术是一种有效评估块体、涂层以及薄膜材料力学性能的方法,是一种先进的微/纳米尺度力学测试技术。由于其具有所需测试样品制备简单、测试位移和荷载分辨率高等特点,被广泛应用于块体材料和薄膜/基体材料的研究中。通过纳米压痕曲线可以获取材料诸多的力学性能,如弹性模量、硬度、黏弹性或蠕变性等。完整的纳米压痕过程是典型的非线性力学行为,临近压头区域的边界条件以及材料变形情况随压入深度发生不同的变化,因此难以利用解析法得到塑性参数。在过去的几十年里,纳米压痕法被广泛地用于评估材料的本构关系。从本质上讲,其重点是通过不同类型压头的纳米压痕,如不同半角的球面压痕和锥形压痕,将纳米压痕响应与弹塑性各向同性材料的应力-应变曲线联系起来。

随着有限元理论的发展,研究人员开始结合有限元仿真和实验曲线进行反演计算。反演分析方法依据是否采用量纲分析理论,可归纳为两种:一种方法是将有限元软件模拟得到的结果与实验结果对比,不断调整参数进行拟合,进而获得材料的力学性能,研究早期多采用这种方法,但其误差较大,准确性往往依赖于输入材料参数的合理程度;另一种方法是采用量纲分析的方法,将有限元分析结果与量纲函数相结合,形成一系列非线性拟合方程,通过计算无量纲方程来确定材料的力学本构关系。

与第3章相同,本章采用的烧结银纳米颗粒中,含有不同质量百分比(0.0%、0.5%、1.0%和1.5%)的SiC微粒。与第3章不同的是,本章使用Berkovich压头测量杨氏模量和硬度值,以 0.05 s^{-1} 的应变率和 2 000 nm 的最大压入深度进行连续刚度测量的方式进行纳米压痕实验,从而更加准确地获得SiC微粒增强烧结纳米银的力学性能和本构行为。含 0.5%SiC 的烧结纳米银材料微观结构均匀致密,更有利于优化热导路径以及提高烧结纳米银材料的屈服强度和硬化能力。为了描述本构行为,本章在实验数据的基础上,提出一种解析方法来描述压痕过程的力学行为,通过确定平均压痕响应来确定并修正幂律模型中的本构参数,可以获得微观结构与宏观性能之间的相互关系,有助于设计纳米银浆的形貌并且提高电子封装中烧结纳米银的力学性能。

因此,本章基于SiC微粒增强纳米银作为散热界面材料的可行性,重点研究材料的力学性能,特别是本构行为。采用不同质量分数的SiC微粒制备烧结纳米银试样,通过对孔隙率和导热系数的评估，确定最佳 SiC 质量分数，所得到结论可进一步证实第 3 章内容的合理性。本章分别采用 Berkovich 压头和球形压头对制备的试样进行纳米压痕实验，从而得到烧结纳米银试样的杨氏模量和硬度等基本力学参数，以更加准确地获取材料力学性能。

4.2 烧结纳米银材料微观形貌

为了满足热导率和仪器化纳米压痕的测量要求，本研究采用直径为 12.6 mm、厚度为 0.7 mm 的圆盘状模具制备 SiC 微粒增强的烧结纳米银样品。本研究中所有样本的尺寸都得到了有效的控制，可以实现对密度以及热性能和机械性能的客观测量。在 260℃ 下烧结 30 min，通常分为三个阶段：①AgNP 通过颗粒之间形成的烧结颈而相互接触，形成扩散机制；②黏合剂、稀释剂和分散剂等有机化合物开始分解；③由于烧结颈部的生长和纳米颗粒之间的距离的减小，烧结纳米银微观结构出现了明显的收缩。此外，大多数有机化合物都是在这一阶段处理的，其特点是烧结纳米银结构的密度和机械强度都在增加。最后，将镀银的纳米银和 SiC 微粒烧结成网络结构。值得注意的是，在烧结过程中，这三个阶段的现象在不同的位置可能会有一定程度的重叠。

如图 4-1 所示，研究人员通过研究，成功地合成了 SiC 微粒增强的烧结纳米银。图 4-1(a)中 SiC 微粒原样的特征尺寸为 $0.1 \sim 0.2 \ \mu m$，纳米银层的厚度约为 80 nm，纳米银的平均直径约为 20 nm。如图 4-1(b)所示，将纳米银沉积在 SiC 微粒的纳米银层上，有利于银原子的扩散，进而形成了纳米银之间的烧结颈。如图 4-2 所示，纳米银可以填充 SiC 微粒之间的孔隙，以提高机械性能和热性能，因为其具有较低的孔隙率。但是，大量的微粒会影响纳米银的烧结，以致于很难获得令人满意的烧结组织。

本研究利用 SEM(Fei-Quanta Feg 450)和二次电子(Secondary Electron，SE)成像方式观察 SiC 增强烧结纳米银材料的形貌。在图 4-3 所示的扫描电镜图像中可以观察到微孔。对图 4-3(a)(c)所示区域内，无 SiC 微粒和含 SiC 微粒的烧结纳米银的能量色散 X 射线光谱仪(EDX)曲线进行分析比较，可以看出，SiC 微粒的存在已通过硅峰成功验证。不同元素的质量分数分布如图 4-4 所示。

(a)   (b)

图 4-1   多孔结构烧结纳米银的扫描电镜图像

(a)原样颗粒；(b)用银涂层制备的颗粒

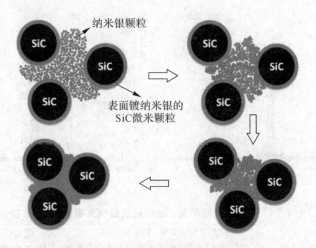

图 4 - 2　SiC 微粒与 AgNP 的烧结过程

　　应当指出,表面粗糙度主要是烧结纳米银固体区域之间的空隙形成的非均匀组织引起的。经过适当的抛光处理后,任何新的表面都可以被视为三维烧结体的一片,因此,相应的表面气孔可以代表烧结材料的固有体积气孔。正如 2005 年 Du 等人研究所指出的,在较高放大倍数下获得的孔隙率值较大,尤其是对于高孔隙率的材料。本研究基于灰度分析原理,采用数字图像分析方法,对典型位置的扫描电镜图像在不同放大倍数(2k、5k、10k、20k 和 25k)下进行讨论。

图 4 - 3　不同质量分数 SiC 微粒烧结纳米银样品的形貌

(a)0.0％;(b)0.5％;(c)1.0％;(d)1.5％

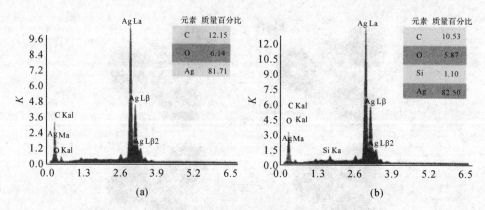

图 4 - 4　无 SiC 微粒和含 SiC 微粒烧结纳米银的 EDX 比较

(a)0.0%;(b)1.0%

　　图 4 - 5 比较了不同放大倍数下的扫描电镜图像的不同质量分数 SiC 微粒的烧结纳米银样品的孔隙率。结果表明,SiC 微粒的质量分数影响着多尺度纳米银试样的孔隙率。随着 SiC 含量的增加,在质量分数 0.5% 以上,SiC 微粒周围形成了微孔。尽管不同放大倍数的扫描电镜图像的孔隙率存在一定差异,但总的孔隙率变化趋势是一致的,SiC 含量为 0.5% 的孔隙率是最低的。图 4 - 3(b)中含有 0.5% SiC 微粒的烧结纳米银的微观结构变得更加均匀和光滑,相应的孔隙率为 0.24。此外,计算出的孔隙率略有增加,这与 2005 年 Du 等人的研究结果一致。

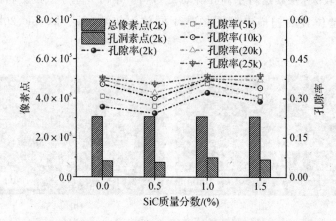

图 4 - 5　利用灰度分析比较不同放大倍数的扫描电镜图像的孔隙度

　　与本章研究方法类似,2016 年 Rmili 等人通过对扫描电镜图像的灰度分析来评估表面孔隙,并使用聚焦离子束扫描电子显微镜的断层扫描技术来研究体积孔隙。他们发现,表面孔隙通常能够代表三维多孔微观结构的体积孔隙,这是由纳米银浆样品中原子扩散驱动的烧结颈部的形成和生长引起的,可以更方便地获得表面孔隙。因此,本研究所提出的评估不同 SiC 含量的烧结纳米银试样的孔隙率变化趋势方法是可靠的。

　　为了定量研究 SiC 微粒的热效应,在室温下,对不同 SiC 含量的烧结纳米银样品的热导率进行了三次测量。热导率是热扩散率、比热和密度的乘积。热扩散率通常用激光脉冲法(Laser Flash Technique)来测量。特别地,在圆盘状样品的一侧施加能量脉冲,以便从另一侧检测到随时间变化的温度,以计算热扩散率。这项技术已被证明是一种适用于整个材料和温度谱的多用途精确方法。用激光脉冲装置测量热扩散率时,可以通过比较生产商

（NETZSCH，German）校准和提供的标准样品的热响应，以获得比热。密度由样品质量除以圆盘状体积决定。

如图 4-6 所示，当加入 0.5％SiC 微粒时，可获得最高的热导率。这与图 4-3(b)中烧结的 AgNP 的均匀微观结构一致。值得注意的是，与纯烧结纳米银相比，通过添加 0.5％的 SiC 微粒，可以提高导热系数。然而，不同 SiC 含量样品的热导率的相对差异与图 4-5 计算的孔隙率趋势略有偏差。此外，通过加入少量 SiC 颗粒来降低孔隙率，对提高热导率的作用更大。当 SiC 含量从 1.0％增加到 1.5％时，孔隙率略有下降。这意味着在烧结过程中，为了提升原子扩散和颗粒聚结的效率，0.5％的 SiC 是该 AgNP 的较好的含量。因此，基于良好的协调网格，假设均匀的微观结构有利于热传导是合理的。

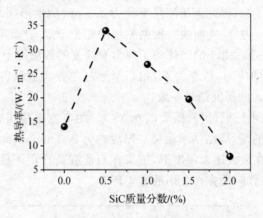

图 4-6　不同 SiC 质分数烧结纳米银样品的热导率

本书将纯纳米银和 0.5％SiC 含量的 AgNP 进行比较，发现 SiC 的加入提高了导热性。如 2014 年 Manikam 和 Tolentino 所总结的，烧结过程一般可分为三个阶段：最初，纳米银通过旋转和滑动来重新排列、彼此接触，形成扩散颈；然后，大多数反应围绕着材料的致密化和稳定的多孔微观结构的形成，来达到最小的表面能和界面能；最后，通过消耗较小的颗粒，孤立的气孔消失，颗粒得到生长。因此，加入少量 SiC 会增加在糊状物中的自由纳米银颗粒和 SiC 微粒上的 AgNP 之间形成扩散颈的可能性，而不会干扰扩散机制的效率。上述现象于 2015 年被 Amoli 等人所提出，并被称为"熔化抑制效应"。因此，0.5％SiC 微粒的加入，有助于 AgNP 之间的颈部生长，并通过最小化表面能和界面能，来加速烧结过程，从而获得更致密、孔隙率更低的微观结构。

4.3　纳米压痕实验

为了避免温度对退火试样的影响，本研究采用丙烯酸树脂粉末，将试样装入聚氯乙烯管中进行压痕实验。丙烯酸树脂在室温下固化，不放热且不升温。采用这种方法，可以在压痕实验之前为纳米银样品提供一种具有令人满意硬度的基体。随后，为了避免研磨和抛光造成的机械硬化效应，对安装好的样品进行仔细的制备，最后用乙醇进行超声波清洗。DSI 是通过在纳米压头 XP（Nanoinstruments Innovation Center，MTS systems，TN，USA）上使用 CSM 方法,在位移信号上施加 2 nm 和 45 Hz 的小动态振荡,并测量相应载荷的振幅和相位,期间进行连续加载和卸载循环。此设置与 2002 年 Li 和 Bhushan 在 *Materials Characterization* 期刊发表的综述文章内容一致。

为了避免唯一性问题,本研究使用两种压头来获取每个烧结样品的弹塑性性能,此思路已被近期文章广泛应用。基于 Oliver-Pharr 方法,本研究利用尖端半径为 50 nm 的 Berkovich 金刚石压头,获得了不同质量分数 SiC 微粒的烧结纳米银的基本力学性能(即杨氏模量和硬度)。采用 2017 年 Chang 等人所提出的基于两个斜率的方法,分别测得硬度值和杨氏模量值。通过实验验证了该方法的有效性,并可以尽量减小尖端圆度和塑性效应的不良影响。与传统的 Oliver-Pharr 方法相比,它提供了更精确的杨氏模量值。由于球形压头能够平滑地从弹性接触转变为弹塑性接触,因此采用测量半径为 5.9 μm 的锥形(60°)球形金刚石压头,通过改进的迭代方法来诱导应力-应变曲线。根据测量的完全压痕响应,可以分析确定烧结纳米银试样的典型应力-应变关系。由于恰当使用了应力和应变的约束因子,因此通过仪器化球形压头的压痕方法估计得到的应力-应变关系,相当于通过单轴实验获得的真实应力-应变响应。此结论与 2015 年 Fu 等人的研究结果一致。

对于图 4-7 中的纳米压痕过程,压头以 0.05 s^{-1} 的应变率挤压到样品表面,压痕深度设置为 2 000 nm。应注意的是,烧结纳米银样品厚度约为 2.0 mm,因此在 2 000 nm 的压入深度内不会遇到基板效应。在最大压入深度下,压头在当前载荷作用下保持 20 s,其中,保载阶段是减轻蠕变效应、保证卸载阶段弹性变形的重要环节。

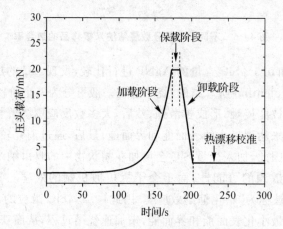

图 4-7 应用于纳米压痕的压痕载荷-时间曲线

基于在保载阶段实现的最大载荷 P_{max},将压头施加的载荷卸载到压痕完成前的热漂移校正的 $0.1P_{max}$。对于每个样品,使用 Berkovich 压头和球形压头进行 10 次压痕实验,以评估材料性能。

本研究对每个样品进行 10 次重复压痕实验,尽管存在多孔微观结构,但大多数压痕产生了有效的压痕载荷-压入深度响应。可通过两个步骤评估得到有效压痕响应:首先,从每条曲线上采集最大载荷,并根据正态分布进行数值分析,因此可以计算最大载荷的平均值;其次,将最大压入载荷的平均值作为烧结材料的典型压入响应。对最大载荷接近平均值的压痕响应进行插值和平均。腐蚀压痕载荷压入深度可作为典型的压痕响应。它们可以有效地用于实验分析和基于分析计算的本构校正。

4.4　杨氏模量和硬度

加载阶段材料硬度由压痕载荷 P 和接触面积 A_c 之间的比率决定。接触面积取决于压痕深度、压头几何结构和材料特性。采用 Berkovich 压头的压痕响应来评价硬度和杨氏模量等基本力学性能。在加载阶段，压头上施加的载荷 P 与材料硬度 H 直接相关，即

$$H = P/A_c \qquad (4-1)$$

式中：A_c 为投影接触区域的面积，与接触深度 h_c 有关，即

$$A_c = c_0 h_c^2 + c_1 h_c + c_2 h_c^{1/2} + \cdots \qquad (4-2)$$

式中：常数 c_i 可以通过 2004 年 Oliver 和 Pharr 所提出的数值方法进行校准。对于无任何因磨损导致的压头角度改变的理想 Berkovich 压头，式(4-2)可以被简化为 $A_c = c_0 h_c^2$，其中 $c_0 = 24.5$。

根据 2006 年 Ogasawara 等人的研究结果，可忽略泊松比对压痕响应的微小影响。实验发现，压痕载荷 P 与压痕深度 h 的平方呈线性关系，因此本节根据 Kick 方程，利用下式来拟合加载阶段，则有

$$P = Ch^2 \qquad (4-3)$$

式中：参数 C 为加载曲线的曲率，可以通过测量的载荷-位移曲线进行数值计算。然而，值得注意的是，烧结的 AgNP 材料具有固有的多孔微观结构，这阻碍了在相同样品上重复出现压痕的初始加载阶段的线性相关性。式(4-3)仅适用于理想的尖头压痕几何结构，这意味着应放弃磨损对压头尖端的边缘圆角效应。根据近年来 Gong 等人(2004)、Kim 等人(2005)及 Park 等人(2012)的独立实验观察结果，通过移除测得的载荷-位移曲线的初始部分(即浅压入深度)，可有效保证压痕载荷和压痕深度平方的线性关系。因此，硬度 H 和复合杨氏模量 E_r 可分别用以下两个式子表示：

$$H = \frac{C}{c_0} \frac{1}{(1 - \varepsilon C/C_s)^2} \qquad (4-4)$$

$$E_r = \frac{\pi}{2} \frac{1}{\beta \sqrt{c_0}} \frac{C_s}{C_s - \varepsilon C} \qquad (4-5)$$

式中：对于本书所采用的具有自相似性的三棱锥 Berkovich 压头来说，$\varepsilon = 0.75$；C 为式(3-1)所涉及的压痕载荷-压入深度($P-h$)曲线的曲率；$C_s = 2\beta E_r \sqrt{C/\pi h}$，该值可通过实验获得，由 CSM 方法确定的卸载接触刚度-压入深度($S_u - h$)曲线决定。

复合杨氏模量 E_r 与烧结纳米银的杨氏模量直接相关，见下式。测定结果对反演算法分析评价烧结纳米银的本构关系具有重要意义。

$$\frac{1}{E_r} = \frac{1 - \nu_d^2}{E_d} + \frac{1 - \nu_m^2}{E_m} \qquad (4-6)$$

式中：E_d 和 E_m 是杨氏模量；ν_d 和 ν_m 分别表示压头和被测试的烧结纳米银的泊松比。

为了确定参数 C 和 C_s 的值，只有当施加的压痕载荷与压入深度的平方($P-h^2$)以及接触刚度与压入深度($S_u - h$)呈明显的线性关系时，才会考虑实验结果。图 4-8 给出了在纯烧结纳米银的压痕实验中获得的 $P-h^2$ 和 $S_u - h$ 实验曲线中，压入深度高于临界深度的典型线性

拟合。值得注意的是,两条曲线的初始部分在浅压入深度处并非是线性的。根据图 4-8(a)(b)中的 $P-h^2$ 和 S_u-h 曲线,可以发现临界深度分别约的 70 nm 和 30 nm。显然,当压入深度小于上述临界深度时,初始部分具有明显的非线性趋势。当压入深度超过临界深度时,两条曲线均呈现线性趋势。因此,$P-h^2$ 和 S_u-h 曲线的斜率 C 和 C_s,可通过对高于临界深度的压入深度对应的数据进行线性拟合来确定。图 4-9 给出了不同 SiC 含量的 C 和 C_s 取值。

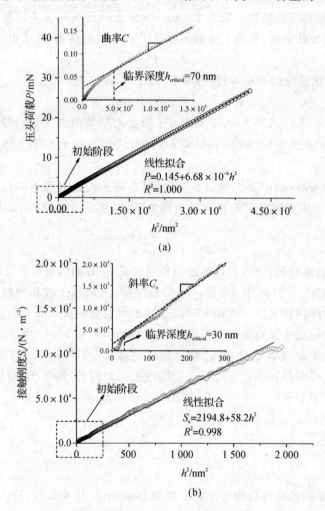

图 4-8 压入深度高于临界深度的典型拟合

(a) $P-h^2$ 响应;(b) S_u-h 响应

根据图 4-9 中 C 和 C_s 的值,硬度和复合杨氏模量可由式(4-4)和式(4-5)计算得出。利用相同的步骤,可分析得到不同 SiC 微粒样品的实验响应结果。如图 4-10 所示,硬度值在 0.31~0.42 GPa 之间变化。当 SiC 含量为 0.5% 时,观察到硬度的最大值为 0.42 GPa。如图 4-10 中误差条所示,当 SiC 含量为 0.5% 时,硬度的标准偏差最小。通过对比图 4-3 和图 4-5 所示的微观结构和孔隙率的差别可知,含有 0.5% SiC 微粒的烧结纳米银的微观结构具有最低的孔隙率,较为致密的微观结构使得样品材料在不同压痕位置测量得到的力学性能的偏差最小,也就意味着材料的力学性能更加均匀、一致。显然,加入更多 SiC 微粒可能导致烧结纳米银样品不同位置的硬度差别更大,因此掺杂更多含量的 SiC 会使得材料均匀性变差。根据 1948 年 Tabor 在期刊 *Proceedings of the Royal Society A* 发表的文章 A simple theory of static and dynamic hardness 的研究结果,首先建立了韧性金属硬度和屈服强度之间的线性关系,1998 年 Carsley 等人也类似地建立了大块纳米结构合金硬度和屈服强度之间的线性关系。根据图 4 - 10 可知,当掺杂 SiC 质量分数为 0.5% 时,烧结纳米银的屈服强度得到了优化。由于掺杂 SiC 质量分数的不同而引起的硬度变化规律,与图 4 - 5 所示的孔隙率变化规律完全一致,因此可以推断,当在 AgNP 中加入 0.5% 的 SiC 微粒时,烧结后材料微观组织更加致密、均匀,硬度也得到了相应的提高。

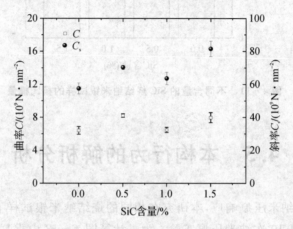

图 4 - 9　不同 SiC 含量的 *C* 和 *C*ₛ 取值

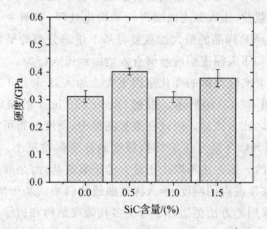

图 4 - 10　不同 SiC 含量烧结纳米银试样的硬度

如图 4 - 11 所示,使用式(4 - 6)计算杨氏模量值,当 SiC 含量从 0.0% 增加到 1.5% 时,杨氏模量值在 9.5~13.4 GPa 之间变化,误差条指示 0.19~0.77 GPa 之间的标准偏差范围。尽管更高的孔隙率会降低 Ramakrishnan 和 Arunachalam[1] 发现的杨氏模量值,但由于 SiC 微粒的增强效果更为明显,因此杨氏模量随 SiC 含量从 0.0% 到 1.5% 不断增加。在器件服役阶段的典型热循环过程中,焊接材料的杨氏模量越高,电子封装结构的刚度就越大,这可能导致更加显著的应力集中,最终引起沿器件界面黏结层的开裂失效。从力学性能的角度来看,SiC 微粒的最佳含量为 0.5%,能获得较高的硬度,以抵抗诱导塑性变形,同时较为适中的杨氏模量可以避免潜在应力集中现象。

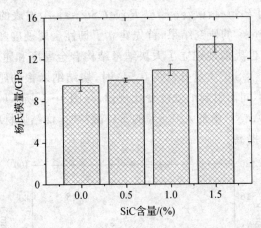

图 4-11　不同含量的 SiC 烧结纳米银试样的杨氏模量

4.5　本构行为的解析分析

为了获得足够的纳米压痕响应,本研究在相同的烧结纳米银试样上,对不同质量分数的 SiC 微粒的试样,重复 10 次纳米压痕实验。为了计算图 4-12 中重复纳米压痕响应的平均值,提取最大施加载荷,并用正态分布曲线进行数值拟合。随后,对至少 3 条最大载荷足够接近该试样平均值的压痕载荷-压入深度曲线进行平均化处理,如图 4-13 所示。结果表明,不同质量分数的 SiC 的 AgNP 样品的最大加载量与基于正态分布的平均值相似。因此,可以合理地假设平均压入载荷和压入深度响应能够有效地揭示压入行为。

较高的标准差意味着实验数据的变化范围更大。加入 0.5% SiC 的烧结纳米银时测量的压痕载荷更为随机,如图 4-12(b)所示。根据 Oliver 和 Pharr 的研究[2],硬度可通过最大压痕载荷与投影接触面积之比来测量。因此在重复测量中,硬度分布可能更加随机。然而,如图 4-10 中误差条所示,当 SiC 含量为 0.5% 时,硬度的标准偏差最小。这种差异是由硬度估算方法[见式(4-4)]造成的。该方法不取决于最大的压痕载荷,而是取决于测得的载荷-压入深度曲线的曲率,以及卸载接触点的刚度-压入深度曲线的斜率。基于纳米压痕响应的加载曲率和卸载斜率,本研究所采用的方法更适合于考虑多孔微观结构和边缘圆角效应。

对于纳米压痕下的本构行为,Tabor 在 1948 年提出下式,定义了代表性应力 σ_r:

$$\sigma_r = P/(CA_c) \tag{4-7}$$

同时,1993 年 Milman 等人提出代表性应变定义:

$$\varepsilon_r = -\ln(a_c/2Rh_c) \tag{4-8}$$

式中:$E/\sigma_r > 100$ 时,约束因数 C 约为 3;R 是球形压头的测量半径(为 5.9 μm);h_c 是压头与材料接触处的压痕深度。可以使用 Oliver-Pharr 方法,根据载荷-压入深度曲线进一步分析得到 h_c 的数值。基于与接触周长相关的几何关系,下式给出了参数 h_c 和 a_c 的关系。

$$a_c = \sqrt{R^2 - (R - h_c)^2} \tag{4-9}$$

2015 年 Fu 等人为了确定金属的幂律函数曲线,对式(4-7)和式(4-8)进行了验证,使得压痕方法得到的本构曲线与单轴应力-应变曲线达成一致。

除此以外,由 1989 年 Hill 等人提出下式:

$$h_c = [5 \times (2-n)] / [2 \times (4+n)]h \qquad (4-10)$$

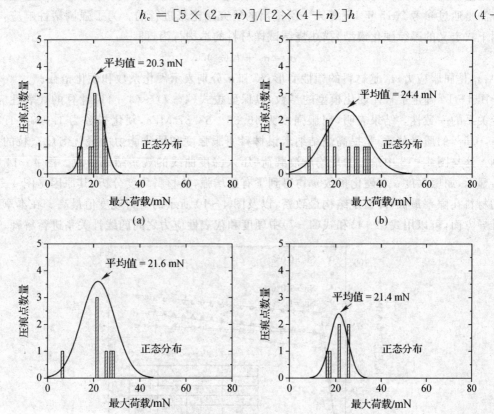

图 4-12　不同质量分数的 SiC 烧结纳米银试样的最大压痕载荷

(a)0.0%;(b)0.5%;(c)1.0%;(d)1.5%

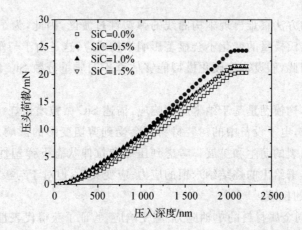

图 4-13　平均化处理后的压痕载荷-压入深度响应曲线

本书考虑了材料的硬化指数 n，进一步建立了材料性能与压入深度之间的函数关系。由于在纳米压痕试验过程中收集了压痕载荷-压入深度的数据，因此式（4-7）～式（4-10）中的所有变量可同时估算。通过多次迭代，可以得到代表性应力-应变的关系。应该注意的是，迭代方法是通过参考 2015 年 Fu 等人[3]所提出的研究结论来进行的。为了强调塑性响应，本书利用下式定义的幂律硬化模型，描述烧结试样材料的本构行为，即

$$\sigma = \sigma_y + K(\varepsilon_p)^n \qquad (4-11)$$

式中：σ_y 是屈服应力；ε_p 是材料的塑性变形；K 和 n 分别表示硬化系数和硬化指数。

图 4-14 确定了幂律硬化模型的参数，以保证按式（4-7）～（4-11）计算的代表性应力-应变关系的一致性。结果表明，屈服强度为 46.36～68.87 MPa，硬化指数为 1.003～1.158。显然，0.5% 的质量分数，是提高烧结纳米银材料屈服强度和硬化能力的最优 SiC 微粒的掺杂比例。这与图 4-13 中给出的平均压痕载荷-压入深度曲线的观察结果一致。图 4-14 的插入表显示，屈服强度 σ 和硬化指数 n 均得到了有效增强，从材料角度分析，其原因是图 4-5 所示的材料孔隙率最低，即微观结构最致密，以及图 4-10 所示的材料硬度值最高。在本章的理论推导方面，可以用式（4-1）和式（4-7）中硬度和代表性应力之间的线性关系进行解释。

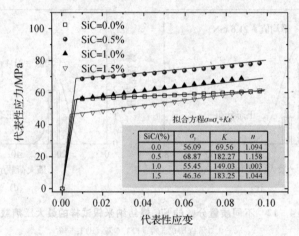

图 4-14　烧结纳米银试样的代表性应力-应变模型

由于数值模拟的方法很难再现本构曲线的弹塑性过渡区，因此，为了简单起见，交叉点被定义为屈服强度。杨氏模量的变化不会显著影响本构响应，这是由于与塑性状态相比，弹性变形可以忽略不计。因此，假设幂律硬化模型能够估算不同质量分数 SiC 的烧结纳米银的塑性行为是合理的。

本研究提出的本构模型是基于纳米压痕响应，描述 SiC 微粒增强烧结纳米银的力学行为。在大多数工作情况中，电子设备中的封装材料都会受到剪切变形的影响。沿主应变方向的极限拉伸应变决定了断裂的萌生和扩展。考虑到压缩和拉伸状态下弹塑性行为的相似性，可在有限元模拟中采用本书给出的烧结纳米银的应力-应变关系，但对于与极限拉伸应变相关的失效准则，应进行相应的校准。

Fu 等人[3]对不同金属材料的单轴应力-应变响应，验证了获得代表性应力-应变关系的分析方法，并认为获得的代表性应力-应变关系是可靠的。通过比较，他们发现所采用的分析方法能够揭示材料的硬化性能和弹性阶段机制，而弹塑性转变机制没能得到准确的再现。事实

上，这是迄今为止可用的分析方法的共同局限性，Patel 和 Kalidindi 于 2016 年在期刊 *Acta Materialia* 上发表的文章中已经对其进行了反思和讨论[4]。

4.6　小　　结

本书研究了不同质量分数(从 0.0% - 1.5%)的 SiC 微粒对纳米银浆的性能影响。为了将微观结构与宏观性能(如热导率和机械强度)联系起来，研究人员进行了基本的测量和分析。利用数字图像分析方法计算了孔隙率。质量分数为 0.5% 的 SiC 微粒增强的烧结纳米银样品的孔隙率最低，为 0.24，而且导热系数最高，为 34.0 W/(m · K)。由于热导网格与微观结构的均匀性有关，因此材料具有较低孔隙率的形态有利于其获得较高的热导率。

本书利用 Berkovich 和球形压头进行了纳米压痕实验，研究了 SiC 微粒对烧结纳米银力学性能的影响。基于恒应变下的纳米压痕响应，得到了材料的杨氏模量和硬度。结果表明，随着 SiC 含量从 0.0% 增加到 1.5%，烧结纳米银的杨氏模量由 9.5 GPa 提高到 13.4 GPa。与杨氏模量相比，SiC 含量对硬度的影响可以忽略不计，当 SiC 含量为 0.5% 时，烧结纲米银的最大硬度达到 0.42 GPa。此外，含量大于 0.5% 的 SiC 微粒对烧结纳米银试样在不同位置的杨氏模量和硬度的散射更为明显。

采用球形压头时，本书根据与压入深度有关的应变历史，对描述完整应力-应变曲线的本构行为进行了分析评估。根据球形压头的纳米压痕响应，对典型的应力应变进行了分析估算，以最佳拟合幂律硬化曲线。研究发现，0.5% SiC 微粒增强的烧结纳米银材料具有最高的屈服强度(68.87 MPa)和硬化指数(1.158)。尽管幂律硬化模型强调塑性响应，但弹塑性转变机制很难重现。这基于分析方法的简单性，如果可以进行更复杂的有限元模拟，则可以规避这一问题。

本章简要总结了 SiC 微粒对烧结纳米银的物理力学性能的影响。当 SiC 含量为 0.5% 时，烧结纳米银的微观结构更加致密，孔隙率更低，从而提高了热导率。硬度的提高也归因于优化的显微组织。由于硬度与代表应力呈线性关系，因此材料获得了最高的屈服强度和硬化指数。此外，SiC 微粒对杨氏模量的影响更为显著，这就解释了为什么随着 SiC 含量从 0.0% 增加到 1.5%，杨氏模量提高了。

参 考 文 献

[1] RAMAKRISHNAN N, ARUNACHALAM V S. Effective elastic moduli of porous ceramic materials [J]. Journal of the American Ceramic Society, 1993, 76(11): 2745 - 2752.

[2] OLIVER W C. An improved technique for determining hardness and elastic modulus using load and displacement sensing indentation experiments [J]. Journal of Materials Research, 1992, 7(6): 1564 - 1583.

[3] FU K, CHANG L, ZHENG B, et al. On the determination of representative stress-strain relation of metallic materials using instrumented indentation [J]. Materials and

Design，2015，65：989 – 994.

[4] PATEL D K，KALIDINDI S R. Correlation of spherical nanoindentation stress-strain curves to simple compression stress-strain curves for elastic-plastic isotropic materials using finite element models ［J］. Acta Materialia，2016，112：295 – 302.

第 5 章　基于 Berkovich 压头的烧结纳米银本构模型的反演算法

5.1　简　　介

纳米压痕技术是评估微米和纳米尺度层面材料力学性能的一种有效、简便的方法。由于完整的纳米压痕过程是一种典型的非线性力学行为,材料变形随压痕深度的变化而变化,因此很难解析地获得本构模型的塑性参数,而这些参数在有限元仿真中对描述材料的特性是非常重要的。本书针对高功率电子器件在恶劣环境下工作的先进贴装材料——烧结纳米银,进行了纳米压痕实验。为了进一步稳定和提高热导率,本书在纳米银浆料中加入不同质量分数的 SiC 微米颗粒。本章采用基于 Berkovich 压头的有限元方法对纳米压痕过程中材料的变形和承载性能进行仿真,提出一种基于纳米压痕响应测量的反演算法来分析材料的塑性性能。从本质上讲,本章提出的反演算法结合量纲分析和试错拟合技术,通过研究纳米压痕响应的加载和卸载阶段,得到不同 SiC 含量的烧结纳米银的完整本构关系。结合扫描电镜观察到的材料微观结构,讨论 SiC 含量对烧结纳米银力学性能的影响规律。最后,通过采用独立球面压痕的载荷-位移响应预测值与实测值的一致性,验证所提出的反演算法计算材料本构曲线的唯一性。

5.2　反演算法研究现状

纳米压痕技术是评估块体材料、涂层材料和薄膜材料力学性能的有效方法。随着先进微/纳米尺度力学测试技术的发展,压痕载荷和位移的关系曲线被广泛用于研究材料的力学性能。本质上而言,不同类型压头所获得的纳米压痕响应,与弹塑性各向同性材料的应力-应变曲线密切相关。近年来的相关研究均采取了类似的研究策略,如 2005 年 Tho 等人、2014 年 Fu 等人、2017 年 Long 等人的研究。对于弹塑性材料,建立两者之间的解析关系极具挑战性,但是这个难点可以通过开展有限元仿真得到解决。

与正演算法相比,基于有限元仿真的反演算法是指利用已知的压头载荷-压入深度(P-h)曲线来确定材料的力学性能,且通常来说反演算法更加复杂[1]。通过采用无量纲分析[2],首先将有限元结果与无量纲函数进行关联,然后形成一系列非线性拟合方程,最后通过计算这些无量纲方程来确定材料的力学本构关系。近年来,研究人员已开展了大量工作,通过采用不同形状的压头来改进反演算法,从而获得材料的本构特性(可参阅 2003 年 Chollacoop 等人、2011 年 Hyun 等人、2016 年 Chen 和 Cai 以及 2019 年 Xiao 等人发表的文章),通过迭代的有限元仿真提出更先进的反演算法,考虑应变率敏感性,并进行量纲分析。与其他方法相比,Dao 等人[3]提出的反演算法有更为清晰的计算步骤,可适用于各向同性材料,特别是金属材料。由于拟合参数较多,如果没有充足的理论推导基础,可能会显著降低分析计算的精度。Ogasawara 等人[4]将压头压入材料的表面简化为一个双轴加载情况,并提出了一个新的特征应变定义方法,该特征应变具有更广泛的应用范围和令人满意的精度,如他们的有限元模拟所示。与其他模型相比,Ogasawara 等人[4]所提出的解析方法没有使用任何拟合参数,推导过程完全基于弹塑性理论。因此,该方法具有较好的理论基础,适用于多种形状的压头,但是此方法更适用于符合幂律函数本构模型的材料,尚未被扩展到具有弹塑性行为或更复杂的高度非线性行为的其他类型材料。

烧结银纳米颗粒具有良好的导电性和导热性,被认为是一种在工作温度超过 250℃的大功率电气设备上具有应用前景的无铅模具连接材料。此外,研究人员发现 SiC 颗粒的加入提高了焊料合金的机械强度,这从微观结构的角度解释了细小的硬质 SiC 颗粒是晶化的有效形核点,对金属间化合物和晶粒的细化起到了重要作用,形成了一个自发的弥散体系,防止了位错滑移的发生。研究人员还发现,在热循环过程中,通过添加 SiC 颗粒烧结纳米银的高温可靠性。单轴拉伸实验是获得拉伸应力-应变曲线最常用的方法之一。与典型的焊料合金不同,烧结纳米银材料的单轴拉伸试样由于烧结面积大、连接工艺复杂而难以制备。值得注意的是,尽管存在材料数据库,但诸如烧结纳米银等先进包装材料的本构关系仍然不确定。因此,为了评估封装结构的机械可靠性,有必要准确描述烧结纳米银作为均匀材料的本构行为,这为纳米压痕法在烧结纳米银材料力学性能评估中的应用提供了机会。

本章首次提出一种利用三面金刚石金字塔形 Berkovich 压头从纳米压痕响应中获得弹塑性本构关系的反演算法。在用三种典型金属材料验证所提出的反演算法后,对 SiC 颗粒增强烧结纳米银进行解析研究,确定其特征应力、特征应变和硬化指数,并讨论 SiC 含量对烧结纳米银本构关系的影响。最后,通过独立实验和球面压痕仿真,验证所提出的反演算法估计的本构特性的唯一性。

5.3　无量纲反向分析算法

5.3.1　施加载荷压入深度响应

在纳米压痕过程中,控制压头以给定的压痕应变率向下压入基体材料试样,这被视为加载阶段。然后向上抬起压头直至完全分离,同时压头上施加的载荷逐渐减小至零,即为卸载阶段。整个过程如图 5-1 所示。对于自相似压头,加载阶段通常遵循 Kick 方程,即

$$P = Ch^2 \qquad\qquad (5-1)$$

式中:P 是压头上施加的载荷;h 是压入基体材料的深度;参数 C 表示加载阶段的曲率。$P-h$ 曲线上的峰值为最大施加载荷 P_m 和最大压入深度 h_m。

在压头和基体材料之间的瞬时分离处,h_r 表示完全卸载后的残余压痕深度。作为尖头压头的一个例子,图 5-2 给出了确定压痕深度和接触半径 a_m 的示意图,这对计算接触面积 A 至关重要。此外,参数 θ 表示圆锥压头的半顶角。

在能量方面,W_{total} 表示在加载阶段压痕所做的总功。加载和卸载曲线所包围的区域为 W_p,表示塑性变形,卸载曲线下的区域为 W_e,即卸载后完全恢复的弹性变形所做的功。很明显,$W_{total} = W_p + W_e$。这些工作变量可用于进行无量纲分析,从纳米压痕测量的载荷-位移响应中,得出应力-应变关系。

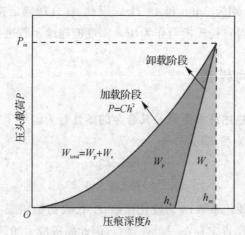

图 5-1　典型压头载荷-压痕深度(P-h)曲线

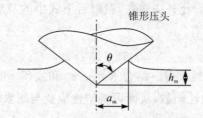

图 5-2　等效圆锥压头示意图

5.3.2　简化杨氏模量的测定

一般地,可以通过多种方法方便地测量材料的弹性模量,例如 X 射线衍射法、声波技术和连续刚度法,在本章中采用连续刚度法。根据接触刚度 S,简化杨氏模量 E_r 可由下式得到,即

$$E_r = \frac{\sqrt{\pi}}{2\beta} \frac{S}{\sqrt{A}} \tag{5-2}$$

式中:系数 β 通常是与压头几何形状相关的常数,对于 Berkovich 压头,$\beta = 1.034$;A 是投影接触面积,它是压痕深度的函数,对于理想的 Berkovich 压头,$A = 24.56h^2$。

最大载荷加载之后,P_u 表示卸载时的载荷,卸载曲线初始部分的斜率定义为接触刚度 $S = [\mathrm{d}P_u/\mathrm{d}h]|_{h_m}$。值得注意的是,对于某些材料,在卸载初期可能会出现负斜率,即负刚度

或鼓包现象。因此，某些材料的接触刚度并不容易确定。本章采用 CSM 技术来确定接触刚度值 S，则有

$$S = \left\{ \frac{1}{(F_0/z_0)\cos\varphi - [(F_0/z_0)\cos\varphi]_{\text{free}}} - \frac{1}{K_{\text{f}}} \right\}^{-1} \tag{5-3}$$

式中：K_{f} 为框架刚度；φ 为响应滞后于激励的相角；z_0/F_0 是表示位移振荡与外加激励之比的动态柔度；下标 free 表示压头的共振（或自然）频率处于自由悬挂状态。通过在压痕载荷上叠加一个小振动，CSM 方法反映了施加振动力的振幅、位移响应的振幅以及相移的影响。在本研究中，谐波位移和频率分别为 2 nm 和 45 Hz。因此，在合理确定接触刚度 S 和接触面积 A 的基础上，利用式(5-3)，可将杨氏模量作为压入深度的连续函数进行测量。

5.3.3　幂律本构模型

幂律模型被广泛用于描述许多金属及其合金的塑性行为。对于各向同性材料，应力-应变特性以分段形式遵循以下关系，即

$$\sigma = \begin{cases} E\varepsilon, \varepsilon \leqslant \varepsilon_y \\ R\varepsilon^n, \varepsilon > \varepsilon_y \end{cases} \tag{5-4}$$

式中：E 为弹性模量；R 为硬化系数；n 为硬化指数；ε_y 代表初始屈服应力对应的屈服应变。由于弹性阶段和塑性阶段之间肯定存在一个连接点，因此屈服应力始终是连续的，可以写为

$$\sigma_y = E\varepsilon_y = R\varepsilon_y^n \tag{5-5}$$

因此，硬化系数 $R = \sigma_y/\varepsilon_y^n$。此外应注意，屈服后下式中的总应变 ε 由两部分组成，即初始屈服应变 ε_y 和塑性应变 ε_p，则有

$$\varepsilon = \varepsilon_y + \varepsilon_p \tag{5-6}$$

式中：变量 ε_p 为总应变的非线性部分。结合 $R = \sigma_y/\varepsilon_y^n$ 和式(5-6)的关系，式(5-4)中的塑性应变可以改写为下式中的非线性函数，从而可将塑性应变与屈服后的应力相关联，则有

$$\sigma = R\varepsilon^n = \frac{\sigma_y}{\varepsilon_y^n}(\varepsilon_y + \varepsilon_p)^n = \sigma_y\left(1 + \frac{E}{\sigma_y}\varepsilon_p\right)^n \tag{5-7}$$

图 5-3 给出了幂律模型材料本构曲线的完整描述。实心圆表示屈服强度和屈服应变的初始屈服，空心圆表示屈服后的代表性应力-应变状态。按照常见研究方法，可利用简化杨氏模量 E_r，根据下式确定相关材料的杨氏模量，即

$$\frac{1}{E_r} = \frac{1-\nu^2}{E} + \frac{1-\nu_i^2}{E_i} \tag{5-8}$$

式中：E 和 E_i 分别为基体材料和压头的杨氏模量；ν 和 ν_i 分别为基体材料和压头的泊松比。

因此，只需确定材料的塑性性质，即屈服强度和硬化指数，这是本研究的主要目标。遵循逆分析的典型原理，使用下式中的无量纲函数来估计材料屈服后的力学性能，该函数采用 Dao 等人[3] 提出的无量纲函数，则有

$$\prod\left(\frac{\sigma_r}{E_r}, n\right) = \frac{h_r}{h_m} \tag{5-9}$$

式中：σ_r 为特征应力；h_r 为卸载后的残余压入深度。

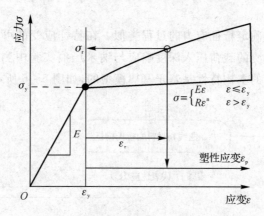

图 5 - 3　弹塑性行为的幂律本构模型

　　结果表明,对于给定的压头几何形状,实验材料的本构曲线上必然存在一个点,其应变值实际上与硬化指数无关。换言之,在弹性模量和特征应力相同的情况下,材料的硬化指数不同可能会导致纳米压痕实验的 $P-h$ 曲线相似。这种相似性通常是由于加载阶段部分重叠,卸载阶段略有偏差。因此,近年来有大量研究人员(2014 年 Moussa 等人、2015 年 Rabemananjara 等人、2019 年 Long 等人),提出了各种理论分析方法,以采用特征应变或应力来表征材料的塑性特性。

5.3.4　反演算法框架

　　本节通过纳米压痕试验测得的 $P-h$ 曲线,确定了材料本构关系的加载阶段,提出了反演算法的理论框架,并在图 5 - 4 的流程图中进行总结。具体来说,本节提出的反演算法可以通过以下步骤实现。

　　(1)确定特征应力 σ_r。如图 5 - 5 所示,假设材料为完全弹塑性材料,其初始屈服应力为特征应力,因此该步骤不需要确定特征应变的大小。假设对两个极端特征应力采用二分法进行有限元仿真,直到有限元仿真得到的加载阶段的荷载-位移曲线与纳米压痕实验得到的曲线一致。

　　(2)根据 Dao 等人[3]提出的一个无量纲方程,在确定特征应力值的情况下,可由下式确定硬化指数,即

$$\prod\left(\frac{\sigma_r}{E^*},n\right)=\frac{h_r}{h_m}=A\times\ln\frac{\sigma_r^3}{E^*}+B\times\ln\frac{\sigma_r^2}{E^*}+C\times\ln\frac{\sigma_r}{E^*}+D \qquad (5-10)$$

式中:$A=0.010\,100n^2+0.001\,763\,9n-0.004\,083\,7$;$B=0.143\,86n^2+0.018\,153n-0.088\,198$;$C=0.595\,05n^2+0.034\,07n-0.654\,17$;$D=0.581\,80n^2-0.088\,460n-0.672\,90$。

　　式(5-10)适用于边沿与中心线夹角为 65.3°、刃口与中心线夹角为 77.05°的 Berkovich 压头压痕分析。由于唯一的未知变量 n 难以由解析求解得到,将下式两侧的值绘成 n 的函数,这两条直线交点的水平坐标表示硬化指数 n。或者,如果无法获得 h_r 的值,根据图 5 - 1,参数 h_r/h_m 和参数 W_p/W_{total} 之间的无量纲关系可以按照 Giannakopoulos and Suresh[5]的方法进行

确定。

（3）确定特征应变与确定特征应力的过程类似。在特征应变的可能范围内调整特征应变的值，直到有限元仿真预测的载荷压入深度响应与纳米压痕实验中测得的一致。与理想弹塑性模型不同，本章中估算的本构特性是基于幂律模型的，如图 5-6 所示。

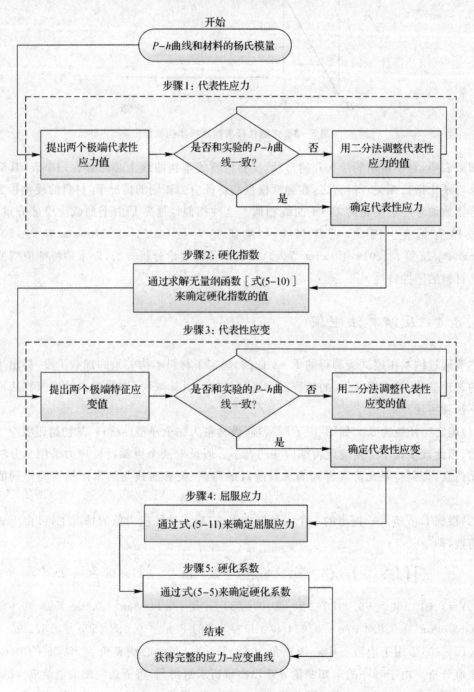

图 5-4 本研究提出的反演算法流程图

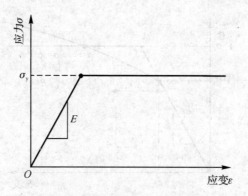

图 5-5　假定理想弹塑性条件下特征应力的确定

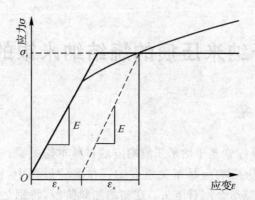

图 5-6　基于幂律模型中特征应变的确定

（4）可以通过具有代表性的应变和应力的点来获得屈服强度，该点服从幂律方程所描述的应力-应变关系，则有

$$\sigma_r = \frac{\sigma_y}{\varepsilon_y^n}(\varepsilon_y + \varepsilon_r)^n = \sigma_y\left(1 + \frac{E}{\sigma_y}\varepsilon_r\right)^n \tag{5-11}$$

也就是说，塑性应变的值可以用特征应变 ε_r 代替。由于在步骤 2 和 3 中确定了特征应力和硬化指数 n，因此屈服强度是式（5-11）中唯一未知的变量。考虑到非线性，屈服强度的取值可以用数值方法求解。将式中两边的值表示成 σ_y 的函数，因此这两条线交点的水平纵坐标代表屈服强度 σ_y 的值。

（5）最后，由式（5-5）可以得到硬化系数 R。

基于上述五个步骤，可以由单个纳米压痕曲线获得本构曲线，关键参数包括特征应力、特征应变、硬化指数、硬化系数和屈服强度，如图 5-7 所示。从本质上讲，特征应力和特征应变是确定屈服应力和相应应变的关键参数，是形成本构关系的支柱。需要指出的是，二分法的试错法不需要额外的优化算法，只需几次就可以得到可接受的值。事实上，在商业软件中的数值迭代格式（如 ABAQUS 中确定迭代步长的 Newton-Raphson 算法和弧长算法）中广泛采用二分法。

为了避免材料本构关系的唯一性问题，有必要使用独立的方法来验证反演算法，以估计材料的本构关系。考虑到使用压痕试样进行其他加载类型实验的困难，本章选择了球形压痕。本章的流程图（见图 5-4）对此进行了详细说明，并将在 5.4 节中进一步讨论。

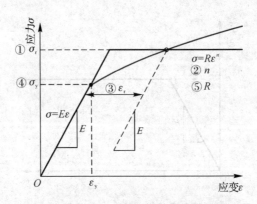

图 5-7 提出的反向分析算法的示意过程

5.4 基于纳米压痕的烧结纳米银的本构关系

5.4.1 实验研究

本研究的主要目的是探索基于纳米压痕响应的材料本构关系。因此,实验研究对于客观地获得材料的固有纳米压痕响应是至关重要的。在实验过程中,使用两种类型的压头,即Berkovich 金刚石压头和球形金刚石压头。在初始加载阶段,特别是浅压入深度下,与球形压头相比,Berkovich 压头在测量局部行为方面具有优势。然而,在足够的压入深度后,两个压头都应反映平均的材料固有特性。利用 CSM 技术,在 $0.05~\mathrm{s}^{-1}$ 的应变速率下,纳米压痕的最大压入深度为 2 000 nm。除了记录的载荷-位移曲线外,还利用 CSM 技术连续测量了不同含量SiC 的烧结纳米银样品的杨氏模量和硬度。对于保持 20 s 后的卸载阶段,压头从最大压入深度处缓慢移除,施加的载荷在 100 s 秒内线性减小至 0。有关样品制备和仪器设置的详细信息可参考文献[6][7]。

由于存在表面粗糙度,即使经过仔细的研磨和抛光,初始压痕仍被认为是一个使压头与烧结纳米银接触的冷凝过程。因此,浅压痕处的压痕响应不被认为是可靠的测量结果。随着压入深度的增加,测量的杨氏模量和硬度在约 1 500 nm 处降至稳定值,直到施加的最大深度为2 000 nm。因此,可以认为压头的压入深度为 2 μm,可以使含有足够晶粒的变形区具有代表性,从而足以获得烧结纳米银的力学性能。同时,烧结纳米银通常以厚度小于 100 μm 的层状形式存在,并用于大功率电子器件的模具连接。在烧结过程中,黏结剂、稀释剂和分散剂等有机物几乎完全在这样一个薄层中分解蒸发,基于扩散机理,在纳米银之间形成烧结颈。这意味着分解和蒸发是烧结纳米银微观结构形成的关键。用于机械实验的材料样品太厚,无法完全分解和蒸发纳米银糊中的有机化合物。因此,在样品表面以下超过 100 μm 的位置,烧结过程可能不是实际的应用场景。此外,压入深度不应太大,否则将违背压痕半空间无限大的假设。因此,压头通过可靠的压痕测量,确定压入深度为 2 μm,以反映烧结纳米银的实际力学性能。Berkovich 压痕的载荷-位移曲线如图 5-8 所示,其为同一样品的至少 5 个压痕的平均响应。图 5-8 提供了不同样品的标准衍生产品(表示为"SD")。表 5-1 列出了不同 SiC 含量烧结纳米银的杨氏模量。

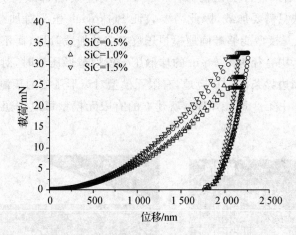

图 5 - 8　Berkovich 压头压痕的 P - h 曲线

表 5 - 1　不同 SiC 含量烧结纳米银的杨氏模量

SiC 含量/(%)	0.0	0.5	1.0	1.5
杨氏模量/GPa	9.50	10.00	10.95	13.38

5.4.2　有限元建模与验证

Berkovich 压头可等效为半角为 70.3° 的对称圆锥。一般来说,基于三维 Berkovich 模型的预测结果与 2017 年 Zhuk 等人得出的二维等效模型的预测结果基本一致。此外,等效圆锥压头在压痕处可以获得与标准 Berkovich 压头相同的投影面积位移函数关系,此方面内容已在本书第 2 章中进行了论述。

图 5 - 9 显示了 ABAQUS(版本 6.14)中的二维轴对称有限元模型,该模型由 41 024 个节点和 46 995 个线性四边形 CAX4R 单元离散化。由于纳米压痕实验基本上是一种局部材料测量,根据圣维南原理,应力-应变区应集中在压缩区附近,而远区的应力-应变响应可以忽略。为了计算时间,图 5 - 9(b)所示的单元尺寸从矩阵的接触面积到矩阵边界都有所不同,只有可能的接触面积被离散成更小的网格。为了实现网格的独立预测而不产生数值发散,将接触区的最小网格尺寸确定为 100 nm。由于有限元模型是二维轴对称的,因此水平和垂直平移以及平面外旋转都有三个自由度。对于边界条件,材料矩阵对称轴上的节点被约束为水平平移,而材料矩阵底部的节点在所有自由度下完全固定。模型的右边界左侧为自由表面,不影响预测,因为它离压痕位置足够远,因此没有诱发应变或应力。压头的水平平移和旋转运动受到限制,即压头只能沿垂直方向移动,位移控制通过定义图 5 - 9 中用"RP"表示的参考点来执行压痕过程,最大压痕深度为 2 000 nm。基于 2006 年 Zhao 和 Ogasawara 等人的研究结果,本研究的切向摩擦系数设定为 0.1,但发现摩擦系数对 P - h 响应的预测影响不大。

为了检验有限元模型预测纳米压痕响应的合理性,本研究将有限元模型的预测结果与

2017 年 Zhuk 等人的结果进行了比较,如图 5 - 10 所示。尽管卸载行为难以模拟,但幸运的是,所提出的反向算法只需要加载,因此需要验证 Berkovich 压头对加载行为的预测。图 5 - 10 证明所建立的有限元模型能够准确地模拟压痕响应的加载阶段,而不存在网格敏感性或数值稳定性问题。同样,用直径为 5.9 μm 的球形压头模拟球形压痕时,对基体材料采用相同的材料模型、离散格式和边界条件。相应地,有限元模型对球形压痕的预测也与理论解进行了验证(相关内容可参考本书第 2 章)。因此,所建立的有限元模型可以按照反向算法的要求进行压痕模拟。

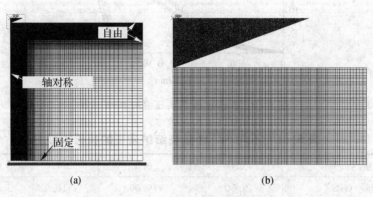

图 5 - 9　有限元模型的网格离散化

(a) 整体压痕模型;(b)Berkovich 压头下的局部视图

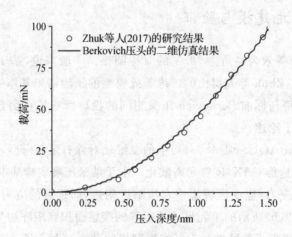

图 5 - 10　Berkovich 压痕预测的验证

　　为了检验所提出的反演算法,将具有真实应力-应变曲线的三种典型材料(黄铜、金和铝)[4]用作理想的弹塑性材料,其塑性行为符合式(5 - 4)提供的幂律模型。按照图 5 - 4 流程图中的算法,Berkovich 压头预测的 $P - h$ 曲线与提供的曲线吻合良好。这意味着采用本研究中的有限元模型可以重现纳米压痕响应。为了将所提出的反演算法的预测值与文献中的报告值进行比较,图 5 - 11 列出了重要的本构参数(即屈服强度 σ_y、硬化指数 n 和硬化系数 R)。结果表明,所提出的反演算法能很好地预测应力-应变关系,预测的本构参数与文献值接近。与报告的特征应力相比,根据图 5 - 6,特征应变值约为 0.049 的这三种金属材料的特征应力是可被合理确定的(如图 5 - 11 中的箭头所示),该良好的一致性使得本书能够验证所提出的算法的预测能力,从而从纳米压痕响应中估计应力-应变关系。

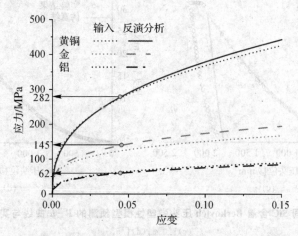

图 5 - 11　对已知真实应力-应变关系的反演算法的验证

5.4.3　本构行为

基于 5.2 节提出的反演算法,本节研究了不同 SiC 含量烧结纳米银的本构关系,并与纳米压痕实验结果进行了比较。根据提出的反演算法的第一步,图 5 - 12 给出基于假设的具有不同 SiC 含量的烧结纳米银的弹塑性模型的有限元仿真预测。此外,还将预测的 $P-h$ 曲线与实验测量值进行比较。应注意的是,所有仿真的最大压入数值设置为 2 000 nm,以便基于相同的有限元模型进行连续试运行,直到预测和测量压痕响应符合要求。很明显,即使卸载阶段并不完全一致,但预测的加载阶段曲线与实验结果完全吻合。本节在预测的 $P-h$ 曲线与实验测量值一致的基础上,确定了四种 SiC 含量的烧结纳米银的特征应力,并将其列在表5 - 2中。

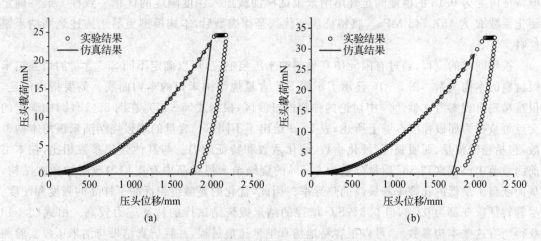

图 5 - 12　不同 SiC 含量 Berkovich 压头弹塑性模型预测的 $P-h$ 曲线与实验测量值的比较

(a) 0.0%;(b)0.5%

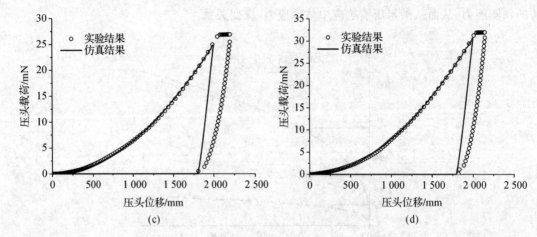

续图 5-12 不同 SiC 含量 Berkovich 压头弹塑性模型预测的 P-h 曲线与实验测量值的比较

(c)1.0%;(d)1.5%

表 5-2 不同 SiC 含量烧结纳米银的代表应力

SiC 含量/(%)	0.0	0.5	1.0	1.5
代表应力/MPa	78	104	80.5	100

接下来说明剩余的步骤,以 SiC 含量为 1.5% 的烧结纳米银为例。基于所提出的反演算法的步骤 2(见图 5-4),由式(5-10)可确定硬化指数 n 为 0.248 9。图 5-13(a)显示了测定 SiC 含量为 1.5% 的烧结纳米银的硬化指数的过程。类似地,确定屈服强度 σ_y 为 36.026 MPa 的过程如图 5-13(b)所示,在图 5-4 的流程图中,将其标记为步骤 3。在步骤 4 中,通过对 SiC 含量为 1.5% 的烧结纳米银采用不同的特征应变,进行连续有限元仿真实验,直到预测和测量的载荷位移响应一致为止,如图 5-14 所示。显然,步骤 3 烧结纳米银的特征应变 ε_r 为 0.16。更重要的是,采用不同的实验特征应变进行有限元仿真,发现尽管有少量的 SiC 颗粒,但特征应变为 0.16 的值能满足烧结纳米银试样加载压入深度响应的优化一致性。最终确定硬化系数 R 为 157.148 MPa。将特征应变代入幂律模型后,本构模型更易于描述烧结纳米银材料。

按照同样的流程,通过有限元仿真预测纳米压痕响应,可以确定不同 SiC 含量的增强纳米银材料的本构关系。图 5-15 显示了不同 SiC 含量烧结纳米银的本构曲线。需要指出的是,很难精确再现参考文献[61,62]中讨论的弹塑性过渡区,根据式(5-11),在图 5-13(b)中确定的交点可被视为屈服强度。综上所述,表 5-3 给出了不同 SiC 含量的增强烧结纳米银的本构参数,包括杨氏模量、屈服强度、硬化指数、硬化系数和特征应力。与其他强化参数相比,在本书前面章节中已观察到 SiC 质量分数为 0.5% 的烧结纳米银样品中有更均匀致密的微观结构,从而获得了最低的孔隙率和最高的热导率。因此,优化的显微组织提高了样品的强度和硬度。尽管特征应变都为 0.16,但 0.5% SiC 增强的纳米银烧结试样的特征应力较高。由式(5-4)获得所有这些本构参数后,可以很容易地仿真纳米压痕过程,并且仿真结果与纳米压痕实验测得的载荷-位移曲线吻合得很好。

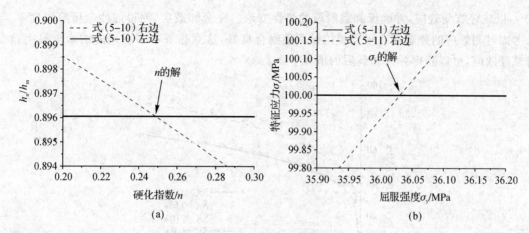

(a)　　　　　　　　　　　　(b)

图 5 - 13　本构参数的确定

(a)硬化指数；(b)屈服强度

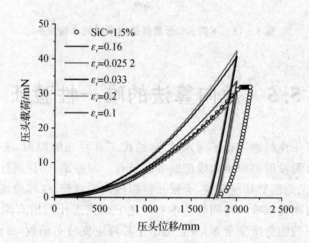

图 5 - 14　不同特征应变的 P - h 曲线与实验结果的比较

表 5 - 3　SiC 颗粒增强烧结纳米银的本构参数

SiC 含量/(%)	力学性能参数				
	E/GPa	σ_y/MPa	n	R/MPa	σ_r/MPa
0.0	9.51	28.9	0.250	123	78.0
0.5	10.0	38.8	0.263	167	104
1.0	11.0	29.2	0.255	128	80.5
1.5	13.4	36.0	0.249	157	100

注：本构模型 $\sigma = \begin{cases} E\varepsilon, & \varepsilon \leqslant \varepsilon_y \\ R\varepsilon^n, & \varepsilon > \varepsilon_y \end{cases}$。

　　需要指出的是,卸载阶段样品的性能受很多因素的影响,这就是为什么需要根据加载阶段而不是依靠卸载阶段来测量杨氏模量。因此,在纳米压痕实验过程中,在最大施加载荷下保持

20 s,以减轻蠕变效应,并确保卸载阶段的弹性变形。完全卸载后,测得的残余压痕深度 h_r 与未考虑时间效应的弹塑性有限元模拟预测值吻合良好,这意味着本书所述的纳米压痕实验没有蠕变效应,可以获得弹性卸载后的值 h_r。

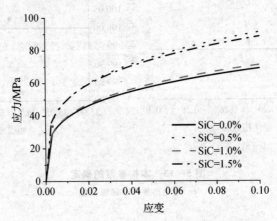

图 5-15　不同 SiC 含量烧结纳米银的本构关系

5.5　反向算法的唯一性验证

有研究人员对唯一性问题进行了深入讨论,给出了其存在的原因,主要包括:①可能材料的实际本构关系并非假设的幂律函数模型或者起码有一定差距;②反演计算中存在临界应变,在该应变范围以外,无论模型如何改变,有限元模拟输出的载荷-位移曲线基本相同;③现有条件下实验的误差也可能造成唯一性问题。本书所述的研究工作利用有限元分析数值模拟,研究了不同压头角度下的临界应变分布,并且给出了临界应变分布函数,如图 5-16 所示。可以明显看出,压头的角度越大,其临界应变值越大,即应力-应变曲线的范围越大。综上所述,唯一性问题是不可以忽略的,因此本节将采用球形压头进行有限元模拟,以对 Berkovich 压头所得出的本构曲线进行验证。

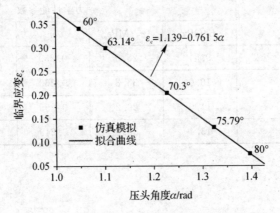

图 5-16　不同压头角度与极限应变函数关系

　　为了规避由单一 $P-h$ 曲线确定的本构关系的"多对一"问题,本研究对同一样品进行一系列球面压痕,重新检验提出的 Berkovich 压痕反演算法。球形压头的半径为 5.9 μm,是一种常用的压头。此外,基于所提出的 Berkovich 压头反演算法预测的本构特性,利用球形压头进行有限元仿真预测。需要注意的是,球形压痕有限元仿真是基于经典 Hertz 接触理论进行理论校准的。通过独立球面压痕预测和测量的 $P-h$ 响应的一致性,可以从 Berkovich 压痕反演算法中再次确认本构关系的唯一性。

　　反演算法是通过强调加载阶段 $P-h$ 曲线的一致性而提出的,因此本书只对球形压痕进行加载阶段的比较验证。如图 5-17 所示,有限元模型仿真的结果和实验测量的 $P-h$ 曲线拟合良好,但仍存在些许偏差,尤其是浅压痕深度低于 1 000 nm 时,这可能是球形压头下方完全冷凝之前的表面粗糙度造成的,当压痕足够深且通常大于 1 μm 时,表面粗糙度将减小。此外,这种不一致也可能是由本构模型的尺寸效应造成的,这是因为压痕接触面积实际上可能更大,尤其是对浅压痕来说。综上所述,很难清楚地阐明材料的压痕尺寸效应。

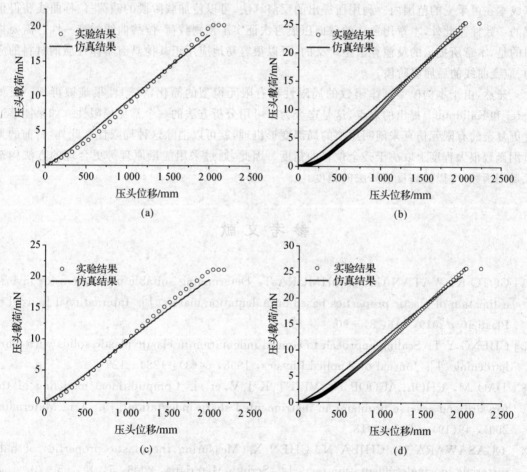

图 5-17　不同 SiC 含量球形压头幂律模型预测的 $P-h$ 曲线与实验结果的比较

(a) 0.0%;(b)0.5%;(c)1.0%;(d)1.5%

5.6 小 结

本章通过纳米压痕实验,以外加载荷和压入深度两种形式,从加载过程中的纳米压痕响应中得出 SiC 颗粒增强的烧结银纳米颗粒的本构参数。利用 Berkovich 压头,对具有幂律方程描述的后屈服阶段的弹塑性材料提出了一种反演算法。本章利用连续刚度法而不是卸载过程的初始斜率,有效地将杨氏模量估计为压入深度对接触刚度的连续函数。通过假定本构曲线中具有代表性的应力-应变状态,采用弹塑性材料模型确定特征应力。此外,为了确定材料塑性性能的硬化指数,采用了无量纲函数。因此,通过确定特征应变,可以进一步优化本构模型的弹塑性。通过考虑屈服状态和特征状态,可以将预先确定的参数代入幂律本构模型中,从而方便地得到屈服强度和硬化系数。需要注意的是,在求解本构参数的过程中,需要进行大量的有限元仿真,但是由于有限元模型基本上是相同的,并且材料参数有一些微小的变化,因此计算成本在可承受的范围内。利用所提出的反演算法,可以使加载阶段的载荷-位移曲线获得很好的一致性。此外,本章用独立的球面压痕再次证实了预测载荷-位移曲线的唯一性。需要指出的是,本章所提出的反演算法是广义的,可以很容易地应用于其他具有幂律性质的材料的应力-应变曲线的后屈服阶段。

显然,由于本构模型幂律函数的局限性和有限元模型的简化,弹塑性很难被再现。正如 Patel 和 Kalidindi[8] 提出的观点,这是迄今为止可用分析方法的一个常见局限性。如果能够通过更复杂的有限元仿真来阐明压痕的局部变形机理,就可以消除这种局限性。此外,目前的无量纲函数很大程度上取决于残余位移的精度。因此,通过采用能量原理等更合理的方法构造无量纲函数,可以提高反演算法的精度。

参 考 文 献

[1] GOTO K, WATANABE I, OHMURA T. Determining suitable parameters for inverse estimation of plastic properties based on indentation marks [J]. International Journal of Plasticity, 2019, 116: 81 – 90.

[2] CHENG Y T. Scaling approach to conical indentation in elastic-plastic solids with work hardening [J]. Journal of Applied Physics, 1998, 84(3): 1284 – 1291.

[3] DAO M, CHOLLACOOP N, VLIET K J V, et al. Computational modeling of the forward and reverse problems in instrumented sharp indentation [J]. Acta Materialia, 2001, 49(19): 3899 – 3918.

[4] OGASAWARA N, CHIBA N, CHEN X. Measuring the plastic properties of bulk materials by single indentation test [J]. Scripta Materialia, 2006, 54(1): 65 – 70.

[5] GIANNAKOPOULOS A E, SURESH S. Determination of elastoplastic properties by instrumented sharp indentation [J]. Scripta Materialia, 1999, 40(10): 1191 – 1198.

[6] LONG X, TANG W, FENG Y, et al. Strain rate sensitivity of sintered silver

nanoparticles using rate-jump indentation [J]. International Journal of Mechanical Sciences, 2018, 140: 60 - 67.

[7] LONG X, LI Z, LU X, et al. Mechanical behaviour of sintered silver nanoparticles reinforced by SiC microparticles [J]. Materials Science & Engineering: A, 2019, 744: 406 - 414.

[8] PATEL D K, KALIDINDI S R. Correlation of spherical nanoindentation stress-strain curves to simple compression stress-strain curves for elastic-plastic isotropic materials using finite element models [J]. Acta Materialia, 2016, 112: 295 - 302.

PHARME D R, Xu J D, et al mapping of indentation-induced creep using
fittes J sample mappiny stress smaller creep for elastic based search of materials
using finite element metal E Acta Materialia, 2011, 110-4: 612.

第6章 无铅焊料的拉伸和纳米压痕本构关系的校准

6.1 简 介

按照 Moore 定律所预测的,尽管存在材料和制造方面的挑战,但电子设备的小型化发展趋势仍在持续,随之出现了大量的具有优良热学或电学性能的新型电子封装材料,但相关领域尚未从可靠性评估角度系统地研究这些材料的本构行为,且对尺寸有限的材料难以开展传统的单轴测试。

鉴于上述现状,依托仪器化纳米压痕方法,可以获得以压入深度为函数的局部力学性能,本章对无铅 Sn-3.0Ag-0.5Cu(SAC305)焊料合金样品进行常规拉伸和纳米压痕实验。为了使材料的性能相符合,本章对所有试样在不同温度和持续时间下进行热处理,用于拉伸实验和纳米压痕实验。基于所使用的 Berkovich 压头的自相似性,采用幂率函数模型,通过对纳米压痕采用的载荷-压入深度响应进行无量纲分析,来描述应力-应变关系。针对拉伸和纳米压痕实验中应用应变率的显著差异,在所采用的分析模型中,将代表性应力和应力指数相乘,提出了两个"率因子",并给出了相应的值,这是基于纳米压痕响应在压痕载荷-压痕关系中的最佳预测而确定的。最终,在比较拉伸实验测量的应力-应变响应,以及从施加载荷-压痕深度响应中估计的纳米压痕深度响应时,取得了较好的一致性。同时,本章将率因子 ψ_a 和 ψ_n 分别校准为 0.52 和 0.10,这有助于在使用有限尺寸试样的纳米压痕实验中转换其本构行为。

鉴于电子设备的小型化趋势,在封装应用中采用传统的单轴测试来获得相关特性是很有挑战性的。仪器化纳米压痕是满足较小范围内量化材料性能的合适方法,这对于芯片贴装材料(尤其是在电子设备尺寸有限的情况下)是可实现的。本书前面章节中已经阐述了纳米压痕方法以及所提出的基于无量纲理论的反演算法,得到了烧结纳米银材料的应力-应变曲线。但需要指出的是,尽管研究人员已对使用仪器化纳米压痕方法测量的机械性能进行了深入研究,但将拉伸实验测量的本构行为与纳米压痕测量的材料行为相关联仍存在争议[1-4]。对于采用不同方法测量结果的等效性而言,很少有研究能进一步定量地研究单轴拉伸方法和压痕法所获得本构行为的相互关系。

鉴于单轴拉伸方法和压痕方法得到应力-应变关系之间可能的差异,本章根据拉伸实验的结果对所涉及的材料参数进行校准。作为本研究的目的,基于纳米压痕得到的材料本构行为被可靠地用于有限元模拟的本构模型,从而可以评估电子封装结构的力学可靠性。因此,可以避免耗费时间来制备拉伸实验所需的大尺寸试样,而且其尺寸可能不符合贴装材料的实际应用情况。应用电子封装技术时,采用具有代表性的无铅 Sn-3.0Ag-0.5Cu(简称 SAC305)焊料,在纳米压痕下提供均匀的基体,以排除其微观结构效应。焊料合金 SAC305 是一种典型的应变率敏感的黏塑性材料,被认为是消费类电子产品的潜在替代品之一。然而,应该指出,本章提出的方法是针对普遍的金属和合金,前提是制备完成的材料样品具有致密的微观结构,没有明显的残余应力。

6.2　样品制备和试验设置

SAC305 大块焊料合金由 Alpha Assembly Solutions(South Plainfield,NJ,USA)制造,其中不含杂质或氧化物。用于拉伸和纳米压痕实验的 SAC305 焊料试样是以狗骨和安装板的形式制备的,分别如图 6-1(a)(b)所示。实验设备是 Agilent Technologies(Santa Clara,CA,USA)的 Bose ElectroForce 3330 机械试验机和 Nano Indenter G200。研究人员对散装焊料进行了加工,以达到所需的图 6-1(a)所示的狗骨形试样,该样品是参照 ASTM E8/E8M 设计的。纳米压痕试样尺寸约为 10.0 mm×10.0 mm×2.0 mm,采用牙科基丙烯酸树脂粉末安装在 PVC 管中,如图 6-1(b)内放大插图所示。尽管材料来源相同,但本实验仍使用温度稳定在±1.0℃的空气炉进行热处理,使这两种类型的试样的材料性能保持一致。当拉伸和纳米压痕实验结果相关时,这种热处理对于避免微缺陷和残余应力对所需材料样品的力学性能的影响具有重要意义。根据以往的研究结果,热处理最大限度地减少了残余应力,并稳定了退火焊料的机械性能。因此本实验分别采用 80℃、125℃、165℃ 和 210℃ 的退火温度,测定时间分别为 2 h、6 h、12 h、24 h 和 48 h。需要注意的是,210℃ 的高温退火温度比 SAC305 焊料的 217℃ 熔点 T_m 略低。

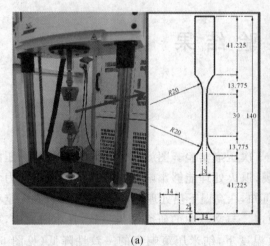 

| (a) | (b) |

图 6-1　实验设备和材料样品

(a)单轴拉伸实验(单位:mm);(b)纳米压痕实验装置

拉伸实验所采用的应变率为 $5×10^{-4}\ s^{-1}$,采用位移控制,以便获得 SAC305 焊料的准静态行为。应力-应变关系可以直接获得并且可用于电子封装的有限元模拟。在纳米压痕实验中,使用金刚石 Berkovich 压痕（Agilent Technologies，Santa Clara，CA，USA）形状，应变率为 0.05 s^{-1}，最大压痕深度为 2 000 nm，以消除表面粗糙度的影响。需要注意的是，如果采用更低的应变率，为了与拉伸实验的数据兼容，需要几个小时甚至更长时间获得压痕。这不仅非常耗时，而且由于纳米压痕仪热漂移校正的限制，纳米压痕结果的精度（如接触面积的确定）也会显著降低。

对于每个压痕，应用的压头载荷-压入深度响应可分为三个阶段，即加载、保载和卸载阶段，如图 6-2 所示。通过控制不同压入深度下的压头速度，在 217℃ 的温度下保持 0.05 s^{-1} 的应变率，直到最大深度为 2 000 nm。随后，对重复实验得到的载荷-深度曲线进行平均，测量 SAC305 材料的力学性能。如图 6-2 所示，加载阶段的突出显示面积 W 可以通过集成 0 nm 和 2 000 nm 之间的加载过程中的响应来计算，并且接触刚度 S 可以从压头载荷-压痕深度响应的初始斜率来确定。

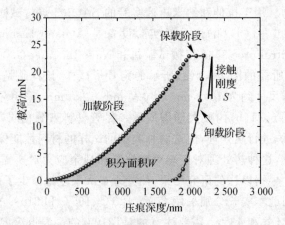

图 6-2　以压头载荷-压痕深度为形式的典型纳米压痕响应

6.3　实　验　结　果

6.3.1　平均纳米压痕响应

在多种退火处理中，每个试样至少进行了 5 次压痕实验。图 6-3 总结了应用载荷-压痕深度曲线形式的平均纳米压痕响应。研究发现，退火处理能够影响材料在压痕作用下的力学行为。根据其他金属和合金材料的研究结果可知，在高温下热处理后，残余应力可以在一定程度上被消除，从而使微观结构和力学性能更稳定。与文献中的研究结果一致，在本研究中，相较于未退火和其他退火条件，在 210℃ 的退火温度下，纳米压痕响应的一致性降低（见图 6-3），这是因为应用温度为 210℃，更接近熔点（如 SAC305 焊料的熔点为 210℃）。此外还观察到，较长时间的热处理更有效。因此，如果给定的温度足够高，则认为退火效应是以等效质量扩散的形式产生的热积累。通过输入能量，促进微尺度缺陷得到缓解，进而获得均匀共晶微观结构。同时，晶粒尺寸的诱导增大，降低了微观结构的粗糙度，进而降低了晶粒对位错运动的抵抗力，使样品获得了较低的屈服强度和工作硬化率。

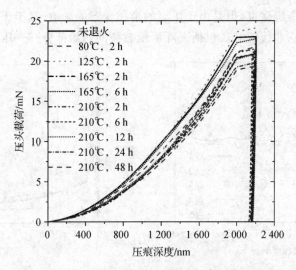

图 6 - 3　平均应用纳米压痕的载荷-压痕深度响应

6.3.2　杨氏模量和硬度

基于连续刚度测量,杨氏模量和硬度可以作为压痕深度的函数来测量,通过叠加一个小振荡的压痕负载控制的频率特定放大器,以确保常数振幅和驱动频率。在谐振子的基础上,给出了刚度 K_c,则有

$$K_c = 1 \Big/ \Big[\frac{1}{(F_0/z_0)\cos\varphi - (F_0/z_0)\cos\varphi|_{free}} - \frac{1}{K_f} \Big] \qquad (6-1)$$

式中:K_f 为结构的弹性刚度;φ 为激活能的滞后相角;z_0/F_0 为动柔量,用来表示位移振荡与激活能之比。下标 free 表示压头自由悬挂状态固有频率,所以 $(F_0/z_0)\cos\varphi|_{free}$ 这一项可以定义为 $K - m\omega^2$,其中 K 为支撑压头轴的弹性刚度,m 为压头质量,$\omega = 2\pi f$ 表示压头振荡的角频率。因此,减少的杨氏模量 E_r 和刚度 H 可以由下述两个式子来定义,即

$$E_r = \frac{\sqrt{\pi}}{2\beta} \frac{K_c}{\sqrt{A_c}} \qquad (6-2)$$

$$H = \frac{P}{A_c} \qquad (6-3)$$

式中:$A_c = 24.56h_c^2$,并且是在接触深度 h_c 处的接触区域的投影;对于 Berkovich 压头,形状常数 $\beta = 1.034$;P 表示压头载荷。杨氏模量 E 可以由下式精确计算,即

$$E = (1 - \nu^2) \Big/ \Big(\frac{1}{E_r} - \frac{1 - \nu_d^2}{E_d} \Big) \qquad (6-4)$$

式中:ν 为 SAC305 的泊松比,为 0.42;ν_d 和 E_d 对于采用的金刚石 Berkovich 压头来说,分别为泊松比和杨氏模量,分别取为 0.07 和 1 140 GPa。

如图 6 - 4 和图 6 - 5 所示,由于表面应力和粗糙度的影响,杨氏模量和刚度值会在初始压入深度为 1 000 nm 后趋于稳定。在目前的研究中,杨氏模量和硬度可以由相对应的 1 000～1 100 nm 之间的平均值得到。如图 6 - 6 所示,杨氏模量相比于刚度更加随机。在较高温度下的热处理旨在显著和持续地降低硬度。然而,应该注意的是,尽管采用一些缓解方法可以恢复

线性压痕负载和平方压痕深度，但是由于压痕的堆积变形的影响，基于压痕响应而计算出的弹性模量可能会过大。这些缓解方法包括去除测量载荷的初始部分——压痕深度曲线。

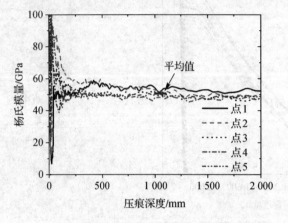

图 6 - 4　杨氏模量的测量值与压入深度的函数关系

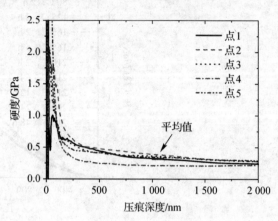

图 6 - 5　硬度与压入深度的函数关系

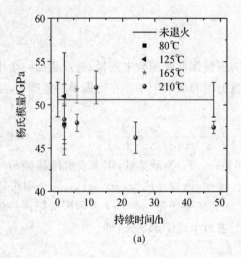

(a)

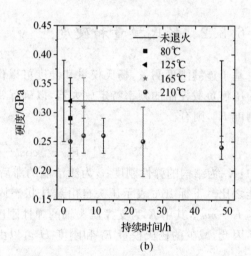

(b)

图 6 - 6　SAC305 焊料的力学性能

(a)杨氏模量；(b)硬度

6.4　理　论　分　析

对不同物理量之间基本关系的研究，使得量纲分析在工程和科学领域得到了广泛的应用，可用于识别物理意义和测量单位，并在公式推导过程中跟踪这些派生量纲。为了揭示内在机制，本书采用了 2006 年 Ogasawara 等人提出的无量纲方法，该方法具有明确物理意义的参数较少。本构模型以力学定理 $\sigma_R(\varepsilon_R) = R(\varepsilon^e + \varepsilon_R)^n$ 的形式在无量纲分析的基础上参数化，其中：σ_R 为代表性应力；R 和 n 分别为刚化系数和指数；$\varepsilon^e = \sigma/E$ 表示弹性应变；ε_R 为代表性应变，定义为单轴拉伸变形的塑性应变。

　　拉伸实验强调将材料的宏观尺度变形行为作为大量微观结构长度尺度和特征的平均值，纳米压痕实验则侧重于局部尺度特征。事实上，利用 1999 年 Lucas 和 Oliver 提出的加载速率比和应用载荷，通过控制压痕应变，可以在纳米压痕与单轴实验之间取得较好的一致性。1965 年 Atkins 和 Tabor 引入了代表性压痕应变的概念，将压痕实验与单轴实验进行了比较，发现约束因子在很大程度上取决于应变率，并可能导致单轴拉伸实验和压痕实验之间出现显著的差异。2011 年 Maier 等人的对比结果显示，压痕实验测量的应变率灵敏度与单轴压缩实验测量的应变率灵敏度吻合较好。显然，本研究中的拉伸和纳米压痕实验中的应变率是不同的，因此可以通过进一步讨论来评估应变率效应，以统一本构关系：

$$\Pi = \frac{W_t}{\delta_{\max}^3 \psi_\sigma \sigma_R(0.011\ 5)}$$
$$= -0.208\ 21\xi^3 + 2.650\ 2\xi^2 - 3.704\ 0\xi + 2.772\ 5 \qquad (6-5)$$

$$\Omega \equiv \frac{S}{2\delta_{\max}\overline{E}} = A\xi^3 + B\xi^2 + C\xi + D \qquad (6-6)$$

式中：$\xi = \ln\left[\dfrac{\overline{E}}{\psi_\sigma \sigma_R(0.0115)}\right]$，平面应变模量 $\overline{E} = \dfrac{E}{1-\nu^2}$；杨氏模量为 E_m，泊松比为 ν；$\sigma_R(0.011\ 5)$ 为 Berkovich 压头在代表性应变为 0.011 5 时的代表性应力；压头做功为 $W_t = \int_0^{\delta_{\max}} P d\delta$，定义为面积积分，从加载部分开始至最大压入深度 $\delta_{\max}$，并且接触刚度 S 是初始卸载所采用载荷-压入深度曲线的斜率。W_t 和 S 的定义均在图 6-2 中进行了说明。从式 (6-5) 中可以看出，最大压入深度 $\delta_{\max}$ 控制着与加载阶段有关的无量纲变量 Π。在式 (6-6) 中，对于卸载阶段，无量纲变量 Ω 为函数 $\vartheta = \psi_n n$，式中硬化指数 n 通过率因子 ψ_n 来校准，在一系列相互作用下，通过扩展有限单元模拟，数值如下：

$$A = -0.047\ 83\vartheta^2 + 0.046\ 67\vartheta - 0.019\ 06$$
$$B = 0.645\ 5\vartheta^2 - 0.632\ 59\vartheta + 0.223\ 9$$
$$C = -2.298\vartheta^2 + 2.025\ \vartheta - 0.451\ 2$$
$$D = 2.050\vartheta^2 - 1.502\vartheta + 2.109$$

　　完成的压痕工作 W_t 和接触刚度 S 如图 6-7 所示，直接记录在纳米压痕仪上。与其他热处理的随机分布不同，在温度为 210℃ 条件下，退火样品的压痕过程与持续时间呈线性关系，随着退火持续时间的延长，在 210℃ 的温度下接触刚度接近稳定值（约为 0.662）。分别从式 (6-5) 和式 (6-6) 的左、右两边找出两条曲线的交点，易于得到未知变量 $\sigma_R(0.0115)$ 未知参数 n。接下来，通过将能量关系本构式中的参数替换为代表性应变 ε_R（其值为 0.011 5）来确定硬化率 R。需要注意的是，接触刚度值减少了 30%，因为初始卸荷部分的斜率难以量化，自动记录的值通常很高。这个假设并不会导致本章所采用方法的物理基础失效，但在基于式 (6-6) 求解硬化指数 n 时，确保了式 (6-6) 解的存在。

　　图 6-8 提供了代表性应力 σ_R、硬化指数 n 和硬化率 R 的确定值。显然，随着 210℃ 退火温度下持续时间的增加，代表性应力逐渐接近稳定值（约为 25.23 MPa）；硬化指数 n 近似线性减小，硬化率 R 在减小时遵循能量定律式。图 6-8 中的参数是经过充分拟合的，因此在推断它们构成本构行为方面具有实质性意义。

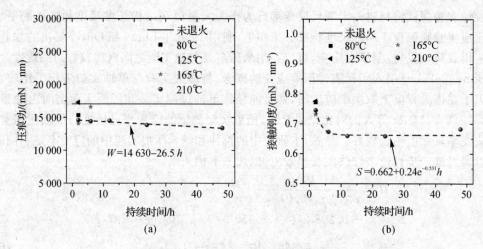

图 6 - 7　从纳米压痕响应中确定的特性

（a）加载阶段的做功；（b）卸载阶段的接触刚度

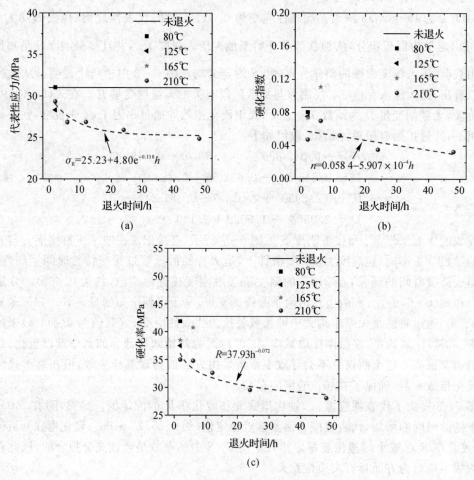

图 6 - 8　本构模型的关键参数

（a）代表性应力；（b）硬化指数；（c）硬化率

图 6-9 和图 6-10 表明,在比较拉伸实验测量的应力-应变响应和从施加载荷计算的纳米压痕深度响应的基础上,可以取得较好的一致性。类似于已发表的论文,其预测了本构曲线和测量本构曲线之间存在一定的差异,特别是在弹塑性过渡阶段。然而,为了更好地再现从拉伸实验中获得的应力-应变关系,本章在 $5 \times 10^{-4}\ \mathrm{s}^{-1}$ 应变率下使用狗骨形试样,在图 6-11 中确定了率因子 ψ_σ 和 ψ_n,以校准参数 σ_R 和 n。纳米压痕实验的应变率为 $0.05\ \mathrm{s}^{-1}$。如果退火温度为 210℃且持续时间充足,率因子 ψ_σ 的数值总体趋势会稳定在 0.52,率因子 ψ_n 约为 0.10。很明显,对于拉伸实验和纳米压痕实验,热处理(特别是在足够高的温度下的材料试样)对于两种试样来说,可有效稳定机械性能,从而使材料性能更加一致。因此,该方法被认为是根据纳米压痕反应估计应力-应变关系的可靠方法。

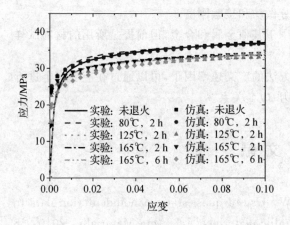

图 6-9　210℃ 以下的不同退火温度应力-应变响应的比较

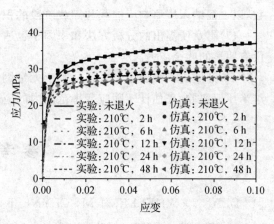

图 6-10　210℃ 退火温度下应力-应变响应的对比

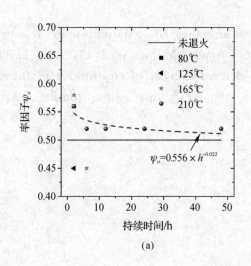

(a)

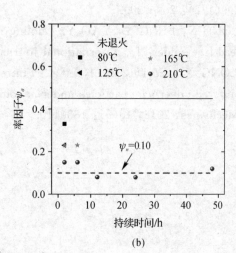

(b)

图 6-11　率因子

(a)压力;(b)硬化指数

6.5 小　　结

本章对不同温度和持续时间的 SAC305 焊料试样进行了拉伸和纳米压痕实验的本构行为分析。主要结论如下：

(1)接近熔融温度的高退火温度和足够的持续时间，有利于降低试样的残余应力和确保微观结构的稳定，确保微缺陷较少。SAC305 焊料在 210℃ 温度下退火的本构行为可用于参数标定。

(2)本章提出了率因子 ψ_σ 和 ψ_n，并确定为 0.52 和 0.10，分别乘以代表性应力和应力指数，以表征纳米压痕响应加载和卸载阶段的积分做功和接触刚度。

(3)本章所提出的分析方法和率因子也适用于其他金属和合金，但前提是所用的材料试样没有明显的残余应力。

(4)开展进一步的研究来评估基于无量纲方法的广义速率因子，可以通过在应变率上进行纳米压痕实验，来估计实际应变率范围内的应力-应变关系。

参 考 文 献

[1] DEAN J，WHEELER J M，CLYNE T W. Use of quasi-static nanoindentation data to obtain stress-strain characteristics for metallic materials [J]. Acta Materialia，2010，58 (10)：3613 – 3623.

[2] THO K K，SWADDIWUDHIPONG S，LIU Z S，et al. Simulation of instrumented indentation and material characterization [J]. Materials Science & Engineering A，2005，390(1/2)：202 – 209.

[3] LONG X，FENG Y，YAO Y. Cooling and annealing effect on indentation response of lead-free solder [J]. International Journal of Applied Mechanics，2017，9(4)：1750057.

[4] LONG X，CY Du，Z LI，et al. Finite element analysis of constitutive behaviour of sintered silver nanoparticles under nanoindentation [J]. International Journal of Applied Mechanics，2018，10(9)：1850110.

第7章 纳米压痕方法中烧结纳米银本构行为的应变率平移

本章重点介绍纳米银浆的微观结构、热稳定性和本构行为。大量的多层结构电子元件难以反映薄膜材料与应变率相关的力学性能，是集成电路行业普遍面临的挑战。为了对封装材料结构的力学可靠性进行有限元分析，本章采用纳米压痕法（采用 Berkovich 类型压头）对不同应变率下烧结纳米银材料的应力-应变关系进行分析评价。基于无量纲分析，所做的功和接触刚度是纳米压痕响应中的关键变量。利用前面章节提出的"率因子"概念，本章进一步完善代表性应力和硬化指数的率因子，试图弥补纳米压痕方法和单轴拉伸方法之间的应变率差别。这种率因子是通过一种无铅封装材料（Sn - 3.0Ag - 0.5Cu）在单轴应变率介于 $10^{-4} \sim 10^{-3}$ s^{-1} 下的拉伸实验和压痕应变率介于 $0.01 \sim 0.10$ s^{-1} 的纳米压痕实验进行校准。相对于单轴应变率，本章所提出的方法使得将压痕应变率平移 100 倍成为可能，因此可获得烧结纳米银在不同单轴应变率下的本构响应。此外，本章通过与球形压头压痕预测结果相比较证明，使用 Berkovich 压头来评估烧结纳米银应变率敏感性更具优势。

7.1 简 介

对于下一代半导体元件，高温和大功率电子器件将会极大地考验贴装材料的导热性能和机械性能。基于市场对于高性能电子器件的迫切需求，烧结纳米银因其高温工作时的良好性能和其绝佳的热导率和导电率，被认为是很有应用前景的贴装材料之一。烧结纳米银材料与应变率相关的力学性能显著影响电子封装结构在使用条件下的热机械行为。已有的文献研究了各种类型试件的剪切性能，如贴装试件、单层搭接和引线键合。剪切实验的共同缺点是，由于烧结过程中纳米银浆溶剂和有机涂层显著蒸发，无法获得均匀的烧结纳米银层的面积和厚度。因此，很难根据实测的剪切力-位移关系来获取烧结纳米银的剪切应力-应变响应特性。

与剪切实验相比，单轴实验对本构行为的评价更为直观。然而，制备纳米颗粒浆料烧结材料单轴试样在技术上具有挑战性。2015 年 Fu 等人提出烧结纳米银测量峰值强度为 $2.0 \sim 2.8$ MP，所采用的结构中焊点直径为 8 μm，由铜柱焊点和纳米银颗粒层组成。2017 年 Zabihzadeh 等人在狗骨状银膜上以 1.5×10^{-4} s^{-1} 的应变率进行了单轴拉伸实验，这种银薄膜由水射流切割，并用德国 Kisling 公司生产的 Ergo 5634 胶水固定于夹持段。通过采用丝网印刷方法，2017 年 Chen 等人将银膏以哑铃形状涂抹在铜基板上，并且在 6.86×10^{-6} s^{-1} 的应变率下对烧结银材料进行了拉伸实验。同样，2017 年 Choe 等人在喷有金属润滑剂的铜基板上使用掩膜技术得到了试样形状的银膏，并在应变率为 1.0×10^{-5} s^{-1} 的条件下测量试样的力学性能。横截面经离子切割处理后，烧结拉伸试样的宽度和厚度分别约为 4.5 mm 和 0.4 mm。除了制备过程耗时之外，所制备试样的微观结构和力学性能很难与一般采用的薄膜状封装材料的内在结构保持一致。

鉴于上述问题，纳米压痕技术已经被应用于测量烧结纳米银的力学性能（例如杨氏模量和硬度）和本构关系。考虑到杨氏模量体现了变形抗力而硬度体现了屈服强度，在早期，研究人员已广泛采用纳米压痕法测量这两种基本力学性能参数，利用经典的 Oliver-Pharr 模型，基于测量得到的载荷-位移曲线，采用 1992 年 Oliver 和 Pharr 提出的方法，纳米压痕法可以十分容易得到杨氏模量和硬度。2007 年 Greer 和 Street 利用基板曲率和纳米压痕方法，研究了烧结纳米银材料的力学性能。2013 年 Vasiljevic 等人通过压痕实验，研究了烧结纳米银中基板厚度、基板类型和银浆中纳米颗粒质量百分比对印刷银层杨氏模量和硬度的影响。利用近年来提出的反演算法，基于纳米压痕方法，可以从数值上得到材料的本构模型，因此围绕基于烧结纳米银的新型材料的机械可靠性，本构行为的评估受到了越来越多的关注。2017 年 Leslie 等人研究了压痕行为并对非均质纳米银材料的黏塑性进行了有限元模拟。2018 年 Long 等人采用连续刚度测量技术，估计了压痕应变率为 0.05 s^{-1} 时烧结纳米银的本构行为，但就纳米压痕法而言，其量纲分析中并没有考虑应变率的影响。此外，Long 等人采用了多重应变率跳跃的纳米压痕技术，以合理的时间成本有效地获得了烧结纳米银的应变率灵敏度。为了进一步提高热导率，研究人员成功合成碳化硅微粒增强的纳米银浆，并通过纳米压痕法在实验和数值上研究并优化了其本构行为。然而，目前已有研究并未很好地解释应变率相关的力学性能和本构响应。另外，需要注意的是，为了保证热漂移校正的有效性，利用纳米压痕法无法实现长时间保载。这意味着与单轴实验的应变率相比，所得到的压痕应变率无法达到一个很小的数值，因此在拉伸实验和纳米压痕实验中，通常会出现应变率的明显差异。考虑到基于有限元分析的电子封装结构的机械可靠性，这种明显的应变率差异极大地阻碍了以纳米压痕方法获得的本构模型在工业生产过程中的应用。

本章所提出的"率因子"概念，可被应用于碳化硅微粒增强的烧结纳米银材料的应变率相关力学性能和本构关系的研究。更重要的是，通过将率因子与代表性应力和应力指数相乘，可将所提出的解析方法扩展到更大的应变率范围。为了校准率因子的数值，本章对一种被广泛使用且在高温应用中可被烧结纳米银材料取代的无铅封装材料 Sn－3.0Ag－0.5Cu（SAC305）采用数值拟合方法，从而确定了纳米压痕实验和单轴实验之间的最佳关联方法。基于校准的纳米压痕方法，本章合理地估计烧结纳米银在不同应变率下的单轴应力-应变关系，并讨论不同尖端形状的压头下材料变形的应变率。

7.2 材料特性

按照本书第 2 章和第 3 章的纳米银浆制备方法，银粒子直径通常选为 20 nm 左右，碳化硅颗粒的直径范围为 100～200 nm。在与纳米银混合之前，为了加快银原子的扩散和烧结纳米银在烧结过程中烧结颈的形成，本书对碳化硅颗粒进行了厚度约 80 nm 的银层修饰。对比前面章节不同的质量百分比后发现，由质量百分比为 0.5% 碳化硅增强的烧结纳米银材料可以达到更均匀致密的微观结构、最低的孔隙率和最高的热导率，使材料具有诸如强度和硬度等方面的最佳力学性能[1]。因此，本章采用的银浆含有质量百分比为 80.5% 的纳米银颗粒和质量百分比为 1.5% 的碳化硅微粒，其余则为聚乙烯醇、松油醇和三甘醇等有机化合物。在温度为 250℃ 的温度环境中保持 1 h，烧结纳米银材料便可成功制备并可利用其研究与应变率相关的力学性能和本构关系。

如图 7-1 所示，在加速电压达到 10 kV 的情况下，用 SEM(JSM-7610F)和二次电子成像(Secondary Electron Imaging, SEI)模式观察了烧结过程前后的银浆。理论上认为，尺寸较小的纳米颗粒可以更加有效地细化微观结构和提高机械强度。然而，纳米颗粒具有高比表面积，为了实现更稳定的最小表面能状态，会发生团聚，如图 7-1(e)所示。此现象与 2015 年 Yi 和 Chan 的研究结果类似。这意味着，纳米颗粒的强化和团聚弱化之间存在着一定的竞争机制。研究发现，烧结颈在尺寸约为 100 nm 的颗粒之间形成，如图 7-1(f)所示。更重要的是，纳米银材料中 150 nm 至 2 μm 尺度范围的典型颗粒被证实可以形成三维多孔结构。如图 7-1(d)(f)所示，在烧结颗粒表面也发现直径约为 10 nm 的小颗粒，可能是由于体积较大颗粒的表面能较低，这些纳米颗粒被留在大颗粒表面。然而，当烧结过程延长或施加高温时，如果有更多的输入能量，它们将进一步作为初始种子，形成更大范围的烧结区域。这种不同几何尺度的三维多孔结构将引起烧结纳米银材料产生与应变率相关的纳米压痕响应特性。

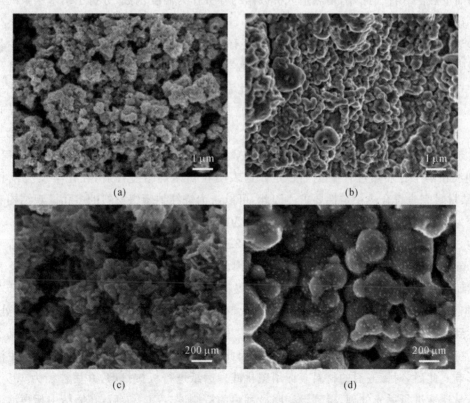

图 7-1　烧结前后纳米银浆的形貌比较
(a)烧结前，放大倍数 10k；(b)烧结后，放大倍数 10k；(c)未烧结，放大倍数 50k；(d)烧结后，放大倍数 50k

(e)   (f)

续图 7 - 1　烧结前后纳米银浆的形貌比较

(e)未烧结，放大倍数 100k；(f)烧结后，放大倍数 100k

在烧结条件下，多孔微观结构的形成是一个复杂的物理化学过程，也将引起烧结纳米银材料力学性能的变化。用 NETZSCH TG209F3 和差示扫描量热法（Differential Scanning Calorimetry, DSC）对已制备的纳米银浆进行热重分析（Thermo Gravimetric Analysis, TGA），在纯氮流量为 20 mL/min 和加热速率为 20 ℃/min 的条件下，用 TAQ20 对其进行了差示扫描量热法评价。此外，用热重分析数据的导数作为温度函数，分析了纳米银浆的质量损失率。在图 7 - 2(a)中，温度从 77.9 ℃升高至 171.7 ℃时，质量减少了 30.5%。图 7 - 2(b)所示的 DSC 曲线在第一轮加热过程中，147.7°处有一个突出的吸热峰。这表明质量减少是由于表面吸附剂的蒸发，同时也发生了不可逆的化学反应或相变。随着温度的升高，从 171.7～420.8 ℃过程中又有 9.9% 的质量降低，但在此温度范围内，DSC 曲线没有明显的变化。这表明在 200.7 ℃后没有发生相变或化学反应，相应的质量减少可能是表面吸附剂蒸发或升华所致。为了验证关于质量损失机理的推测，在第一轮冷却过程结束后，对材料样品进行第二轮加热。由于可逆的固态转变，DSC 曲线在 42.3 ℃处有较小的变化。与第一轮加热过程相比，DSC 曲线在第二轮加热过程中更加稳定。这表明在初始烧结过程后，在化学反应或相变方面，烧结材料完全符合热稳定性要求。因此，可以认为烧结纳米银材料的多孔微观结构和力学性能较为稳定，可用于与应变率相关的本构行为的研究。

在 250 ℃温度下保持 1 h 后，用厚度为 2.0 mm 的圆状模具制备纳米银样品。由于 2 000 nm 压痕深度仍远小于试件厚度的 1%，因此可以忽略压痕实验的基底效应以及表面效应。然而，Sn - 3.0Ag - 0.5Cu 试样是由大块焊料加工制备而成的，为了客观地评价其本构行为，根据已有研究结果，本书对 Sn - 3.0Ag - 0.5Cu 样品进行 210 ℃、保持 12 h 的退火处理，以使其达到无残余应力且微观结构稳定的状态。待测试样品均通过牙托粉镶嵌于聚氯乙烯管中，在室温下的固化过程中不释放明显热量，因此不会对镶嵌材料的微观结构状态产生温度方面的影响。此后，对镶嵌后的材料表面用碳化硅砂磨纸进行机械打磨，并用粒径为 1.5 μm 的金刚石悬浮液进行抛光处理，得到没有明显刮痕的待测试表面。最后，在酒精中超声清洁处理试样，并在试件表面进行压痕实验。

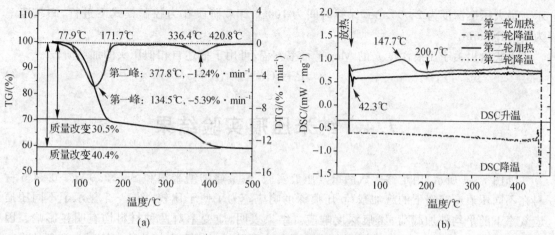

(a)　　　　　　　　　　　　　　　(b)

图 7-2　SiC 增强的纳米银浆热稳定性

(a)TG/DTG 曲线；(b)DSC 曲线

7.3　实　验　流　程

本书利用 Anton Parr 公司的纳米压痕实验仪 NHT²,通过顶面参照环和机箱外壳的气动隔离系统,用金刚石 Berkovich 压头(序列号:No. B - T05)在恒定应变率模式下,采用连续刚度测量技术进行纳米压痕实验[2]。压痕仪中的参照环有效地降低了仪器框架的柔度和缩短了长度,因此框架柔度(0.1 nm/mN)和热转移(0.015 nm/s)便可被忽略。根据 2010 年 Hay 等人给出的定义,利用下式,通过调整增长率与施加载荷当前值的比值,将加载阶段的压痕应变率控制为 0.01 s⁻¹、0.05 s⁻¹ 和 0.10 s⁻¹ 的恒定值,则有

$$\dot{\varepsilon}_{indentation} = \frac{\dot{P}}{P} \tag{7-1}$$

式中:$\dot{\varepsilon}_{indentation}$ 为压痕应变率;P 为压头上所施加载荷;$\dot{P}$ 为载荷相对时间的变化率。

由于其等效压入深度可被描述为一系列的整数幂级数,因此此幂率函数在 2004 年被 Attaf 认为是最好的压痕描述方法。加载曲率可用压痕柔度 C 进行度量。对于理想的尖形压头(如锥形和 Berkovich 压头),被称为 Kick 定律的抛物线方程(指数 $m=2$)可以很好地描述弹塑性材料的纳米压痕加载阶段。然而,由于诸如材料缺陷、压头尖端钝化、加载速率和其他不确定性等因素,2016 年 Chen 等人在实验中发现指数 m 通常小于 2。在本研究中,Berkovich 压头上施加载荷的时间关系曲线如图 7-3 所

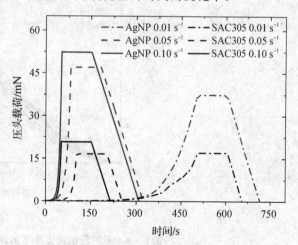

图 7-3　不同压痕应变率下压头载荷-时间关系曲线

示。最大压痕深度为 2 000 nm,保载时间为 100 s,卸载阶段在力控制模式下进行,卸载速率为 20 mN/min。

下式给出关于压痕深度 h 的 Meyer 幂率方程,可用于描述自相似压头的加载阶段.

$$P = Ch^m \qquad (7-2)$$

7.4　纳米压痕实验结果

如图 7-4 所示,用足够次数的重复压痕实验,测量烧结纳米银和 Sn - 3.0Ag - 0.5Cu 材料在不同压痕应变率下的施加载荷-压痕深度响应。为了便于比较,图 7-5 显示了不同压痕应变率下的平均外加载荷-压痕深度响应。结果表明,应变率对两种材料均有明显影响。因此,可用本书之后所提出的相同解析方法,对与这两种材料应变率相关的本构行为合理地进行研究。

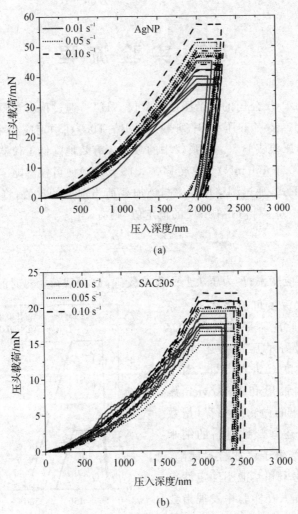

图 7-4　不同压痕应变率下的施加载荷-压痕深度响应曲线
(a)烧结纳米银;(b)Sn - 3.0Ag - 0.5Cu

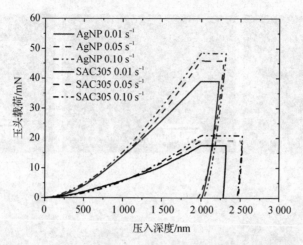

图 7 - 5　不同压痕应变率下的平均压头载荷-压痕深度响应

本书通过采用式(7 - 2)所示的 Meyer 幂率方程,对这两种材料的所有压痕应变率进行拟合,发现当指数 $m=1.65$ 时可以在数值上更好地拟合至 2 000 nm 的加载阶段。采用相同的指数 m,利用 OriginPro 进行曲线拟合后,可得到压痕柔度指数 C。关于压痕应变率,图 7 - 6 比较了烧结纳米银和 Sn - 3.0Ag - 0.5Cu 材料的极限载荷和加载曲率。通过参考图 7 - 5 中的纳米压痕响应可以推断,两种材料的平均施加载荷-压痕深度响应,均受应变率影响而体现出增强效应。由于应变率敏感性的相似性,本书的实验有效地揭示了烧结纳米银与 Sn - 3.0Ag - 0.5Cu 两种材料的机械强度和本构关系的定量相关性。

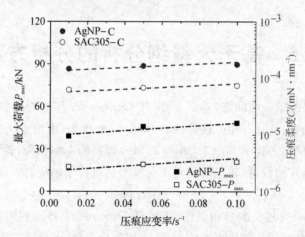

图 7 - 6　烧结纳米银和 Sn - 3.0Ag - 0.5Cu 材料加载阶段特性的相似趋势

探究压痕实验的各类结果之后,图 7 - 7 给出了材料的残余压痕。显然,纳米银材料的残余压痕是以脆性变形为主的沉陷类型,然而 Sn - 3.0Ag - 0.5Cu 试样的残余压痕是以塑性变形为主的堆积类型。在图 7 - 7(a)~(f)中也可以观察到,所有压痕的施加压痕深度均为 2 000 nm,但纳米银和 Sn - 3.0Ag - 0.5Cu 材料在卸除压痕载荷后的残余压痕的大小和深度是不同的。由于这两种材料的弹性恢复能力不同,因此仅能基于纳米压痕初始卸载阶段所定义的接触刚度以及应变率相关的力学性能,建立两者之间的定量关系。

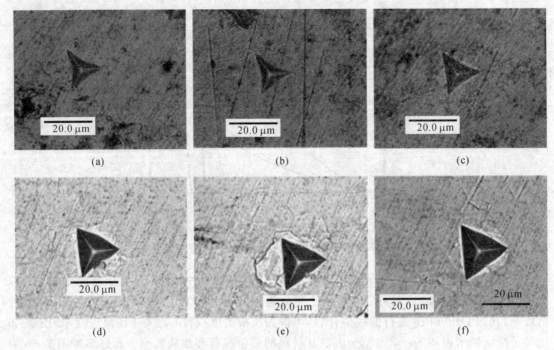

图 7 - 7　不同压痕应变率下纳米压痕实验后的残余压痕
(a)AgNP 0.01 s⁻¹；(b)AgNP 0.05 s⁻¹；(c)AgNP 0.10 s⁻¹；
(d)SAC305 0.01 s⁻¹；(e)SAC305 0.05 s⁻¹；(f)SAC305 0.10 s⁻¹

7.5　基于无量纲分析的分析方法

为解决压痕结果的唯一性问题，基于 2006 年 Ogasawara 等人提出、2018 年 Long 等人改进的解析方法，本节利用具有自相似性特征的 Berkovich 压头，由纳米压痕响应解读材料本构行为，从而描述单轴拉伸实验中 Sn - 3.0Ag - 0.5Cu 焊料的本构行为，验证本书所提出的解析方法。用下式中的幂律函数，描述压痕材料本构模型的塑性单轴应力 σ-应变 ε 关系，即

$$\sigma = R(\varepsilon)^n \tag{7-3}$$

基于三面 Berkovich 压头的自相似性，2006 年 Ogasawara 等人利用加载阶段做的功和卸载阶段的接触刚度，分别评估了代表性应力值 σ_R 和硬化指数 n。

$$\sigma_R(\varepsilon_R) = R(2\varepsilon^e + 2\varepsilon_R)^n \tag{7-4}$$

式中：σ_R 为代表应力；R 和 n 分别为硬化率和指数；ε^e 为弹性应变；ε_R 为轴对称变形过程中的塑性应变。

值得注意的是，一方面由于测量方法的固有局限性，将压痕应变率与单轴实验应变率进行校准具有极大的挑战性。也就是说，纳米压痕应变率不能过小，否则将会延长实验时间并且降低热转移校正的精度。另一方面，轴向拉伸和压缩实验通常将应变率设置在 $10^{-4} \sim 10^{-3}$ s⁻¹ 之间，从而可以再现焊点在热机械工作状态下的变形和力学行为。为了协调纳米压痕实验和

单轴实验之间的应变率差异,在下述的分析方法框架下,本书提出了率因子 ψ_σ 和 ψ_n,下标分别为代表性应力 σ_R 和硬化指数 n。

根据 2006 年 Ogasawara 等人开展的量有限元模拟,随着载荷的增加,本书对无量纲分析进行修正并得到下式,基于加载阶段数值拟合,建立了压痕功与变量 $\xi = \ln(\overline{E}/\sigma_R\psi_\sigma)$ 之间的关联,则有

$$\frac{W_t}{\delta_{\max}^3 \dfrac{\sigma_R}{\psi_\sigma}} = -0.208\ 21\xi^3 + 2.650\ 2\xi^2 - 3.704\ 0\xi + 2.772\ 5 \tag{7-5}$$

式中:W_t 为由加载阶段达到最大压入深度 $\delta_{\max}$ 的面积积分计算得到的压痕功;σ_R 为代表性应力,与 Berkovich 压头的代表性应变 0.011 5 相对应,$\overline{E}$ 为平面应变模量。

此外,对初始卸载阶段的无量纲分析进行修正并得到下式,通过拟合归一化处理,使接触刚度 S 与 $\theta = n/\psi_n$ 之间建立函数相关联系,即

$$\frac{S}{2\delta_{\max}\overline{E}} = A\xi^3 + B\xi^2 + C\xi + D \tag{7-6}$$

式中:$A = -0.047\ 83\vartheta^2 + 0.046\ 67\vartheta - 0.019\ 06$;$B = 0.645\ 5\vartheta^2 - 0.632\ 5\vartheta + 0.223\ 9$;$C = -2.298\vartheta^2 + 2.025\vartheta - 0.451\ 2$;$D = 2.050\vartheta^2 - 1.502\vartheta + 2.109$。

从无量纲方程(7-6)来看,无量纲分析所需的输入量仅为杨氏模量 E_m、接触刚度 S 和加载阶段的压痕功 W_t,这些变量都可以从纳米压痕响应曲线中计算和测量,具体方法如下。

平面应变模量 $\overline{E}$ 可由杨氏模量 E_m 和泊松比 ν_m 表示,见下式。

$$\overline{E} = E_m / (1 + \nu_m^2) \tag{7-7}$$

式中:压痕材料的杨氏模量 $\overline{E}$ 与下式中折减杨氏模量 E_r 直接相关。

$$E_m = (1 - \nu_m^2) / \left(\frac{1}{E_r} - \frac{1 - \nu_d^2}{E_d} \right) \tag{7-8}$$

式中:ν_m 为压痕材料的泊松比,其值约为 0.30;E_d 和 ν_d 分别为压头的杨氏模量和泊松比,在本研究中,对于金刚石 Berkovich 压头,其值分别为 1 141 GPa 和 0.07。

此外,折减杨氏模量 E_r 取决于与压头接触刚度 S 和与压头接触深度 h_c 相关的投影接触面积 $A_p = 24.56h_c^2$。采用幂率函数拟合的方法,可基于卸载曲线最大加载载荷的 $40\% \sim 98\%$ 之间的曲线,计算得到接触刚度。对于 Berkovich 压头,其形状参数 β 为 1.034。E_r 的表达式为

$$E_r = \frac{\sqrt{\pi}S}{2\beta\sqrt{A_p h_c}} \tag{7-9}$$

图 7-8 给出了杨氏模量、接触刚度和加载阶段所做的功的值所对应的误差随压痕应变率变化的关系,这些值是由相关响应的平均压痕测量值得到的。随着压痕应变率的增加,Sn-3.0Ag-0.5Cu 材料的杨氏模量和接触刚度以指数函数的趋势趋于稳定,所得值远大于烧结纳米银材料相对恒定的数值。在图 7-8(c)中,由于强度较高,烧结纳米银压痕所做的功大于 Sn-3.0Ag-0.5Cu 所做的功,这与图 7-5 中的结果一致。

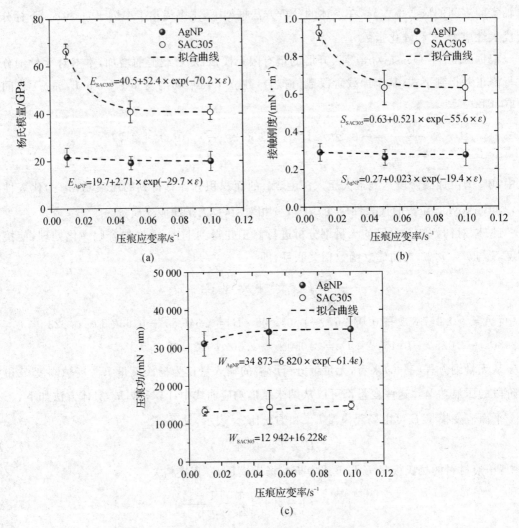

图 7 - 8　烧结纳米银和 Sn - 3.0Ag - 0.5Cu 材料的压痕特性

(a)杨氏模量；(b)接触刚度；(c)压痕功

7.6　率因子校准

在确定率因子 ψ_σ 和 ψ_n 的数值时，其核心问题是解决单轴拉伸实验和纳米压痕实验中施加的显著不同的应变率。本研究采用通过拉伸实验测得的无残余应力 Sn - 3.0Ag - 0.5Cu 焊料的应力-应变关系[3-4]，可以较为合理地校准所提出的率因子的取值。本书第 6 章通过对比应变率为 5.0×10^{-4} s^{-1} 的拉伸实验，已经对压痕应变率为 5.0×10^{-2} s^{-1} 的纳米压痕实验结果进行了本构校准。相对于单轴应变率，这种关联方法将压痕应变率平移了 100 倍。研究发现，本书提出的应变率平移方法，与 1993 年 Bower 等人以及 2018 年 Ginder 等人单轴加载和压痕加载下蠕变应变率平移的研究思想基本相似。通过假设硬度等于单轴应力，Lucas 和 Oliver[5] 研究发现，压痕应变率相对于单轴应变率，可通过平移的方法提高约 10^4 倍。

为了评价应变率对本书中提出的率因子 ψ_σ 和 ψ_n 的影响，需要通过实验研究进一步扩展

$1.0×10^{-4}$～$1.0×10^{-3}$ s^{-1} 之间单轴应变率与 0.01～$0.10s^{-1}$ 之间压痕应变率的内在关联。根据图 7-9 中流程图的校准部分，并在确定图 7-10 中率因子 ψ_σ 和 ψ_n 的取值后，实现压痕实验与单轴拉伸实验之间应变率的关联。尽管很难再现极限状态前的颈缩现象，但使用率因子预测的应力-应变响应与 $Sn-3.0Ag-0.5Cu$ 材料实测的弹塑性变形响应非常一致。如图 7-11 所示，在本研究中基于 $Sn-3.0Ag-0.5Cu$ 纳米压痕结果的率因子的值与本节第 6 章中率因子的校准值相似。更重要的是，分别代表应力和硬化指数的率因子 ψ_σ 和 ψ_n 的取值约为 0.52 和 0.10，其对应变率的变化不那么敏感，这将极大地提升本书所提出方法的应用普适性，从而解决拉伸实验和纳米压痕实验之间应变率存在巨大差别的问题。

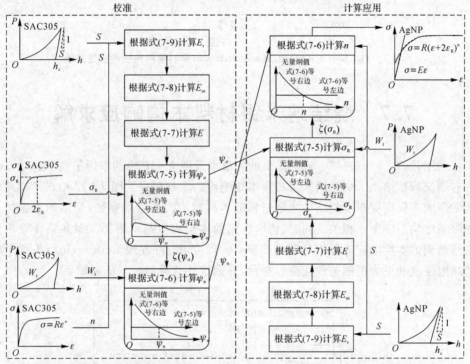

图 7-9　解决应变率差别和估计不同单轴应变率下纳米银本构响应的计算流程图

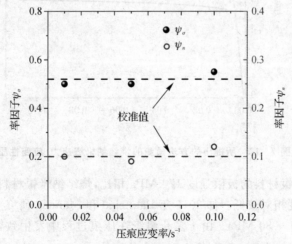

图 7-10　$Sn-3.0Ag-0.5Cu$ 材料率因子的测定

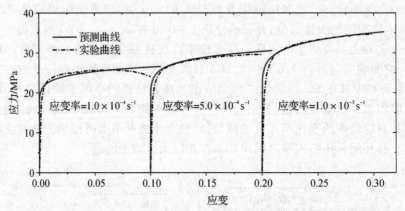

图 7 - 11　Sn - 3.0Ag - 0.5Cu 材料本构响应的预测曲线和实验曲线

7.7　烧结纳米银材料本构响应求解

　　本章利用式(7-3)~式(7-9)中提出的方法以及图 7-10 中的率因子,在图 7-9 中的流程图的右侧流程框给出了烧结纳米银材料本构响应的求解程序。图 7-12 给出了以单轴拉伸的方式实现的不同应变率下烧结纳米银材料的本构响应。可以观察到,烧结纳米银的屈服强度和极限强度均与应变率相关。同时,将所得到的本构响应与本书第 3 章和第 4 章采用球形压头求解得到的本构响应进行了比较。如图 7-12 所示,可发现 Berkovich 压头测量得到了更高的屈服强度和更大范围的硬化变形平台,导致这些差异的根本机理如下。

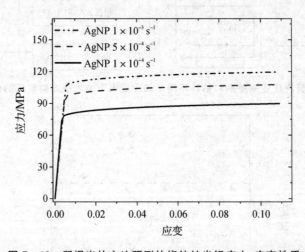

图 7 - 12　所提出的方法预测的烧结纳米银应力-应变性质

　　与退火后的块状银材料的极限强度 170 MPa 相比,烧结纳米银材料由于具有三维多孔微观结构,所以机械强度相对较低。如 2017 年 Paknejad 和 Mannan 研究所指出的,烧结纳米银的极限剪切强度为 60 ~80 MPa。由于多孔组织在压痕过程中发生致密化变形,所估计的极限强度预计将高于由剪切强度除以$\sqrt{3}$转换而得的极限强度。由于实际的致密化变形会更加显著,球形压头与材料之间的接触面积也会更大,因此球形压头测得的硬化现象会更为明显[6]。

更重要的是,球形压头的纳米压痕实验采用了力控制方式,以保持增量速率与加载当前值之间的恒定比为 0.05 s^{-1}。显然,由于压头尖端的形状不同,材料在压头下所对应的应变率是完全不同的。此外,在进行连续刚度测量实验时,使用 Berkovich 压头使得应变率保持为常数,具有以下优势:①可以很好地控制参数的峰值;②在时间维度上,对硬度的测量更有意义。因此,本书的压痕应变率更适合于 Berkovich 压痕的材料响应。但应该强调的是,对于因使用不同类型压头而导致不一致的应力-应变关系(见图 7-12),值得进一步研究,这将很大程度上证实本书所提出的纳米压痕方法的有效性,尤其是对于那些难以通过单轴拉伸实验测量的材料来说。

实验所得到的应力-应变关系可以很容易地导入任何有限元软件中,以描述烧结纳米银的本构行为,用于实际封装结构的力学可靠性评估。但应该指出的是,图 7-12 中的塑性阶段没有考虑失效准则。这意味着本书所提出的方法无法预测烧结纳米银的断裂应变。由于强化能力有限,通过拉伸实验很难测量烧结纳米银的弹塑性响应,并且大多数文献中的应力-应变曲线被拟合为幂律函数的形式,其指数小于 1.0。因此,在判定电子封装结构的允许变形时,应谨慎地采用本章所计算得到的烧结纳米银应力-应变关系,但本章所提出的经过校准的率因子方法,可被认为是能有效评估烧结纳米银材料本构响应的方法。

7.8　小　　结

为了确保电子封装结构的高温应用,本章研究了由碳化硅微粒增强的烧结纳米银在不同应变率下的本构行为。为了解决评估薄膜状烧结纳米银材料本构特性时存在的难题,本章提出了一种基于无量纲分析的解析方法,主要采用了 Berkovich 压头,测量了在纳米压痕响应的加载阶段的压痕功和初始卸载阶段的接触刚度。为了建立纳米压痕和单轴实验之间应变率的关联机制,本章对 Sn-3.0Ag-0.5Cu 焊料开展了不同应变率下的拉伸实验和纳米压痕实验,对所提出的率因子取值进行了校准,说明了烧结纳米银材料本构行为的应变率敏感性。研究发现,代表性应力和硬化指数的率因子 ψ_σ 和 ψ_n 的取值分别约为 0.52 和 0.10。由于率因子取值对应变率不敏感,因此可以直接使用所提出的解析方法,基于压痕应变率介于 0.01~0.10 s^{-1} 的纳米压痕响应,可较为方便地评估烧结纳米银在单轴应变率介于 10^{-4}~$10^{-3} s^{-1}$ 的应力-应变关系。由于应变率从压痕应变率到单轴应变率平移了 100 倍,因此本章所提出的解析方法有助于评价烧结纳米银材料的本构行为,以及促进并提高电子封装结构在下一代高温高功率电子器件中应用的机械可靠性。

参 考 文 献

[1] LONG X, JIA Q P, LI Z, et al. Reverse analysis of constitutive properties of sintered silver particles from nanoindentations [J]. International Journal of Solids and

Structures，2020：(191/192)：351 – 362.

[2] XIAO G，YUAN G，JIA C，et al. Strain rate sensitivity of Sn – 3.0Ag – 0.5Cu solder investigated by nanoindentation [J]. Materials Science & Engineering A，2014，613(9)：336 – 339.

[3] LONG X，WANG S，FENG Y，et al. Annealing effect on residual stress of Sn – 3.0Ag – 0.5Cu solder measured by nanoindentation and constitutive experiments [J]. Materials Science & Engineering A，2017，696：90 – 95.

[4] LONG X，TANG W，WANG S，et al. Annealing effect to constitutive behavior of Sn – 3.0Ag – 0.5Cu solder [J]. Journal of Materials Science Materials in Electronics，2018，29(9)：1 – 11.

[5] LUCAS B N，OLIVER W C. Indentation power-law creep of high-purity indium [J]. Metall. Mater. Trans. A，1999，30(3)：601 – 610.

[6] LESLIE D，DASGUPTA A，MORILLO C. Viscoplastic properties of pressure-less sintered silver materials using indentation [J]. Microelectronics Reliability，2017，74：121 – 130.

第8章 基于应变跃迁压痕的烧结纳米银应变率敏感性研究

在室温条件下,本章针对无压烧结纳米银(AgNP)材料,开展了纳米压痕实验,通过对比研究了两种典型的芯片贴装焊料,即烧结导电银胶和传统的 Sn-3.0Ag-0.5Cu 焊料。本章利用一种新兴的多应变率跃迁技术,同时采用连续刚度测量技术,有效地确定应变率灵敏度(Strain Rate Sensitivity),且具有较高的精度。本实验采用不同应变率和压入深度,获得了所研究材料的硬度及杨氏模量。相比杨氏模量,应变率变化对烧结纳米银的硬度影响更大。在加载阶段发现,随着压痕深度的增加,应变率灵敏度指数会随着硬度的变小而逐渐变小。在卸载所施加力之前的保载阶段,蠕变位移对所施加的应变是相对不敏感的,但随着蠕变应变率呈指数趋势衰减,本章确定了材料相应的蠕变应力指数。

8.1 简 介

根据《关于限制在电子电器设备中使用某些有害成分的指令》(英文简称为 RoHS)中关于注重环境保护和人类健康的要求,在电气和电子设备中无铅焊料正在取代传统的富铅焊料合金。在过去 10 年中,Sn-Ag-Cu 系列无铅焊料出色的机械力学性能和电气性能使这种焊料在应用中一直很受欢迎。相比锡基焊料,烧结纳米银具有优异的导电性和导热性,可作为大功率器件设备的芯片贴装材料,其工作温度可高于 250℃,所以烧结纳米银是很具应用前景的无铅焊料产品之一。银具备的优良热导率以及烧结纳米银具有的低温烧结性质,使得烧结纳米银可以作为超低热阻界面材料。柠檬酸盐的有机壳可以稳定地覆盖烧结纳米银表面,这也就实现了电子封装行业中利用无压低温烧结纳米银的铜-铜互连结构。更为重要的是,近年来关于烧结纳米银可靠性的问题受到了广泛关注。

关于长期工作状态下无压烧结纳米银作为焊点的力学可靠性研究,2016 年 Chua 和 Siow 将无压烧结纳米银焊点分别用于铜基板、覆铜陶瓷基板和镀银基板,研究了在温度到达 300℃时烧结纳米银的孔隙率和微观结构的变化。关于微观形貌变化,2016 年 Paknejad 等人发现烧结银表面氧化后可以防止外表形状发生变化以及烧结银内部发生变化,在内部微观结构层面,多孔银的孔表面基本上不形成氧化物,以便于原子快速运动,进而加快了晶粒生长和内部结构变化。如果烧结纳米银内部细孔上有钝化层,理论上推测可以用于高达 400℃的关键应用工况。2016 年 Yang 等人将高达 10% 的 Sn 掺杂到银浆中,基于瞬时液相烧结,选择了 235℃作为烧结温度。基于第二相强化理论,由 Ag_3Sn 和固溶体形成的复合银基质微粒使所形成焊点的无压黏结强度达到了 23 MPa。相比于烧结银块,2016 年 Gadaud 等人研究了在高达 125℃的恒温条件下持续 1 500 h 或热循环时,烧结纳米银孔隙和颗粒数量的定量变化以及这些变化对杨氏模量、屈服强度和极限拉伸应力的影响。2017 年 Leslie 等人根据理论分析以及有限元计算,分别估算了在低温应用情况下胶黏剂基颗粒复合材料以及高温应用情况下多孔烧结材料的异质形态的黏塑性质。但是,基于压痕实验所得到的力学特性和蠕变行为,无压烧结纳米银的应变率敏感性相关研究的实验结果和文献至今为止还是极其有限的。

8.2　实验材料和实验方法

在本研究中,用于烧结的纳米银浆来自美国的 Fairfield 公司,树脂分散系统使得此银浆具有无压烧结能力和出色的表面稳定性。从室温开始以 2.5℃/min 的加温速率进行升温,直至烧结炉内温度为 200℃,持续时间为 90 min,从而得到了烧结的纳米银材料。为了比较由于微观形状差异所引起的材料性能差异,本章对样品在相同烧结条件下使用导电银胶(Electrically Conductive Adhesive,ECA)。此外,6.5Sn-3.0Ag-0.5Cu(简称为 SAC305)块状焊接合金由 Alpha Assembly Solutions 提供。为避免杂质影响,焊条采用高纯度的原材料制造,并利用黏度和浮渣处理的方法,使合金不含杂质或者氧化物。

与前面章节类似,通过参考去除 SAC305 块状合金焊料的残余应力,从而达到最优化处理条件,本研究对纳米压痕实验所用材料,在温度稳定在 210℃(±1℃)的空气炉中,进行了 12 h 的退火处理。在热退火处理后,将样品混合丙烯酸树脂粉末后装入 PVC 管中。为了更加便捷地开展实验,本章采用牙科用丙烯酸树脂粉末,其可以在室温下固化并且不会释放大量热量,因此本章所采用的镶嵌方法不仅可以避免温度对试样的影响,而且固化的丙烯酸树脂硬度可以满足压痕过程中试样材料对基体的要求。随后,为了使样品在压痕实验前获得稳定的微观结构,将所制备样品用 SiC 砂纸打磨并用等级为 0.5 μm 的金刚石悬浮液进行抛光。最后在乙醇中进行超声清洗后自然风干,将所得样品在室温下保存 7d。

本章利用激光脉冲法测得烧结纳米银的热导率高达 223.91 W/m·K,这个数值远高于其他研究者得出的导电银胶和 SAC305 焊料的导热率[1]。图 8-1 给出了本研究中材料样品的微观结构形态。由于 SAC305 焊料样品精细抛光后呈现镜面状,因此图 8-1 中的微观结构形态呈现出高度平滑的状态。虽然所有样品都经相同的打磨工艺处理,但是烧结纳米银和导电银胶表面随机分布着孔洞,这是由于溶剂和添加剂在加热过程中蒸发而导致的,此现象与 2017 年 Cheng 等人的研究现象一致。相比于图 8-1(b)中的烧结导电银胶,图 8-1(c)所示的烧结纳米银内部孔隙较少。烧结纳米银和导电银胶都是主要由银元素组成的,烧结后具有银的特性和优良的导热性,但烧结纳米银具有更加密实的微观结构,因此具有较低的孔隙率。

相比于烧结纳米银,除了孔隙率较高外,烧结导电银胶薄片并不能充分发挥材料优良的导热、导电性能。根据图 8-2 所示的烧结机理示意图,纳米颗粒将显著扩大银颗粒间的金属连接面积,这有利于提升材料导电、导热性能。因此,烧结纳米银丰富的导电路径使得材料具有更高的导电性和导热率。这是烧结纳米银的最突出优点之一,因此其作为一种贴装材料,可用于高温下大功率设备的电子封装结构。

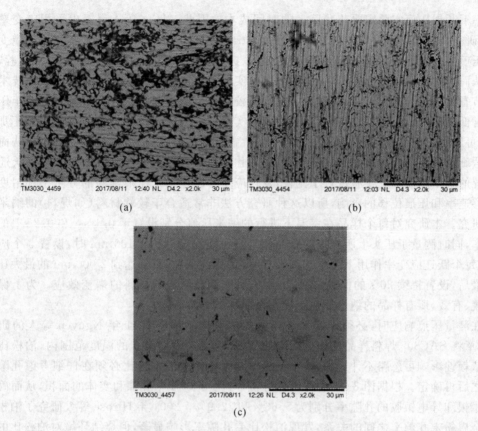

图 8-1　放大 2 000 倍的样品电子显微图

(a)烧结纳米银;(b)烧结导电银胶;(c)SAC305 焊料

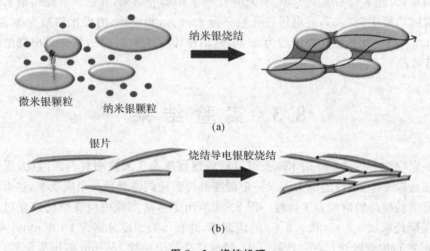

图 8-2　烧结机理

(a)烧结纳米银;(b)烧结导电银胶

本章使用来自于 Agilent 科技公司的 G200 型纳米仪,在每个样品上有 10 个形状相同的纳米压痕测点。为了减小变形的相互作用,并同时确保较高的精准度,压痕测点之间保证了足够的间距。本章着重关注纳米力学性质(如硬度和杨氏模量)对应变率的依赖特性,但是在低应变率下开展压痕实验需要花费巨大的时间成本。因此，Maier 等人[2]提出采用应变率跃迁技术，研究烧结纳米银材料的应变率敏感性（Strain Rate Sensitivity, SRS）。相比于应变率不变的压痕实验，通过应变率跃迁压痕技术，可以选择在一个合适的压痕位移上进行实验，多次跃迁从而达到相对较高的应变率，随后跳转到实验设定的应变率。采用应变率跃迁技术可以大大节省压痕实验所需时间，也避免了热漂移校正产生的误差。这种技术尤其适用于压痕位移非常低、实验结果受表面粗糙度影响很大的实验。更为重要的是，即使所研究材料不那么均匀，也可以使用应变率跃迁技术，在相同压痕位置有效地研究材料的应变率灵敏度，从而避免材料瑕疵对应变率灵敏度研究的影响。事实上，Alkorta 等人[3]将纳米压痕应变率跃迁实验与传统的纳米压痕蠕变实验进行了比较，发现应变率跃迁纳米压痕实验的分辨率和精度不受热漂移速率和压痕位移的影响，所以这种研究方法非常适合于较软材料（如焊料）的纳米力学性能研究。本研究对每个样品在室温下进行的纳米压痕分别设置了 $0.1\ s^{-1}$ 和 $0.2\ s^{-1}$ 的初始应变率，同时测量了压头上所施加的压力值。当压痕深度到达 1 100 nm 时，设置 3 个应变跃迁，在每个跃迁应变率作用下至少达到 150 nm 的压痕深度，直到达到 2 000 nm 的最大压入深度。最后，设置持续 20 s 的保载阶段，可用于研究卸载阶段前材料的蠕变效应。为了保证实验客观、有效，所有样品的纳米压痕实验遵循同样的实验流程。

在测量压痕响应时，必须确定每个样品的泊松比。基于 2011 年 Nguyen 等人的研究结果，本章将 SAC305 焊料样品泊松比确定为 0.42，且在 $25\sim105\ ℃$ 的温度范围内，泊松比对温度的依赖性影响可忽略不计，但是烧结纳米银和导电银胶的泊松比必须在仔细考虑孔隙率的影响之后再确定。根据图 8-1 进行统计分析，对比图 8-1 中孔隙和实体的面积，从而确定烧结纳米银和导电银胶的孔隙率分别为 5.66% 和 22.9%。2004 年 Hirose 等人研究了泊松比与烧结金属粉末孔隙率之间的关系，发现泊松比受孔隙率影响显著，但烧结环境对泊松比的影响不大。截止到目前，文献中还没有关于烧结纳米银材料的泊松比和孔隙率之间关系的相关实验的研究结果，因此本章采用了 2004 年 Hirose 等人的研究结果，并估算了烧结纳米银的泊松比。已知银的泊松比为 0.37，导电银胶孔隙率为 22.9%，相应地，泊松比减少 10%，其泊松比值为 0.333。烧结纳米银孔隙率约为 5.66%，泊松比约减少 1.6%，从而得出烧结纳米银泊松比为 0.364。

8.3 实验结果

达到一定应变率后，G200 纳米压头可以精确地将压头压入被测材料。因此，压头可先达到预期的初始应变率，然后当压头压入一定深度时再跃迁调整至另一个应变率，这有利于在同一位置研究实验样品的纳米力学特性。图 8-3 给出了本次实验中应变率的变化过程。在相互独立的压痕处施加 $0.1\ s^{-1}$ 和 $0.2\ s^{-1}$ 的应变率，并在压痕深度分别为 1 100 nm、1 400 nm 和 1 700 nm 时进行应变跃迁。在每次跃迁中，目标应变应持续 150 nm 的压头位移，同时施加的应变率在压痕位移到达 150 nm 后恢复初始目标应变值。针对图 8-3(a)中烧结纳米银试样的应变率变化过程，图 8-3(b)给出了相应的压痕载荷-压入深度曲线。本章设定的最大压痕深度为 2 000 nm。当达到最大深度时，为了在卸载阶段之前减小蠕变效应的影响，压头应停留 20 s。由压痕载荷-压入深度的局部响应曲线可以观察到，当应变率跃迁到更高值时，压痕载荷-压入深度曲线呈向下弯折的趋势，而应变率变为较低值时，曲线呈向上弯折的趋势。

这个独特现象可以用来判断压痕对材料正应变率敏感性的影响程度。压痕载荷-压入深度响应中的弯折现象与图 8-3(a) 中所施加的跃迁应变率的变化一致。当压痕应变率跃迁时,可以发现压头载荷也存在非常相似的数值变化。本章所发现的这一典型特征与 1999 年 Lucas 和 Oliver 的研究结论相一致。

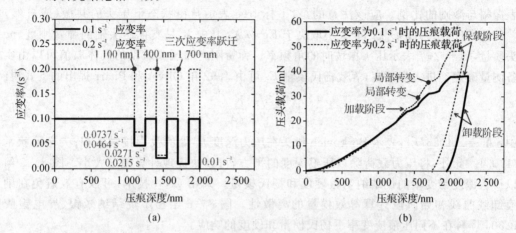

图 8-3　基于应变跃迁压痕测量烧结纳米银的荷载-压入深度响应

(a) 所施加的应变率历史;(b) 载荷-压入深度响应

图 8-4 比较了加载阶段烧结纳米银、烧结导电银胶和 SAC305 样品在应变率分别为 $0.1\ \mathrm{s}^{-1}$ 和 $0.2\ \mathrm{s}^{-1}$ 时的平均载荷-压入深度响应。从图中可以看出,在烧结纳米银试样上需要施加更大的压痕载荷才能使压头深度达到 2 000 nm,这表明烧结纳米银具有较高的硬度。此外,应变率对烧结纳米银的影响更大,对烧结导电银胶的影响不大。推测可知,这是图 8-1(a)(b) 所示的烧结纳米银和导电银胶样品之间的微观结构差异所致。在所有样品中,SAC305 焊料承受的压痕载荷是最低的,特别是当应变率处在较低值时,SAC305 焊料与其余两种材料相比差距更加明显。

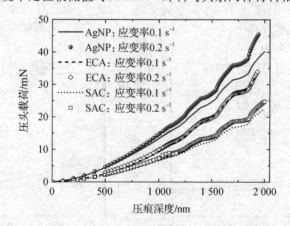

图 8-4　加载阶段不同应变率下各试样的平均载荷-压入深度响应

本研究采用 CSM 技术,将 Berkovich 压头压入烧结纳米银材料样品,从而可以测量得到以压入深度为函数的接触压力和其他材料特性(例如杨氏模量和硬度)。具体而言,就是把小幅振动叠加在压痕载荷上。同时,压力的振荡幅度由特定的频率放大器控制或者使用"固定频率放大器",以确保在 45 Hz 的振动频率下,振荡的幅度恒定为 5 nm。基于谐振子模型,2010

年 Hay 等人给出了处于谐波振荡时的接触刚度 K_c，则有

$$K_c = 1 / \left\{ \frac{1}{(F_0/z_0)\cos\varphi - [(F_0/z_0)\cos\varphi]_{\text{free}}} - \frac{1}{K_f} \right\} \qquad (8-1)$$

式中：K_f 为实验平台整体的弹性刚度；φ 为响应滞后于激励荷载的相位角；z_0/F_0 为动态柔度，代表振幅与激励的比例。应该注意的是，下标 free 表示自由状态下压头的共振（或自然）频率。因此 $[(F_0/z_0)\cos\varphi]_{\text{free}}$ 的大小取决于 $K-m\omega^2$，其中 K 是支撑压头轴的弹簧刚度，m 是压头质量，$\omega = 2\pi f$ 表示压头振荡时的角频率。弹簧刚度和压头质量的具体取值可以由实验设备测量确定。进一步而言，等效杨氏模量 E_r 可由 1992 年 Oliver 和 Pharr 提出的下式得到：

$$E_r = \frac{\sqrt{\pi}}{2\beta} \frac{K_c}{\sqrt{A_c}} \qquad (8-2$$

式中：$A_c = 24.56 H_c^2$，表示 Berkovich 压头在压力深度 h_c 处的投影接触面积；尖端形状常数 $\beta=1.034$。此外，将压力载荷除以压痕深度的平方，可以快捷地计算硬度大小。图 8-5 给出了以压入深度为变量的烧结纳米银硬度和杨氏模量。采用 CSM 技术，可以有效避免在纳米压痕卸载曲线初始阶段计算等效模量的离散性。图 8-6 给出了烧结纳米银、导电银胶和 SAC305 焊料在不同压痕应变率下杨氏模量和硬度的响应。

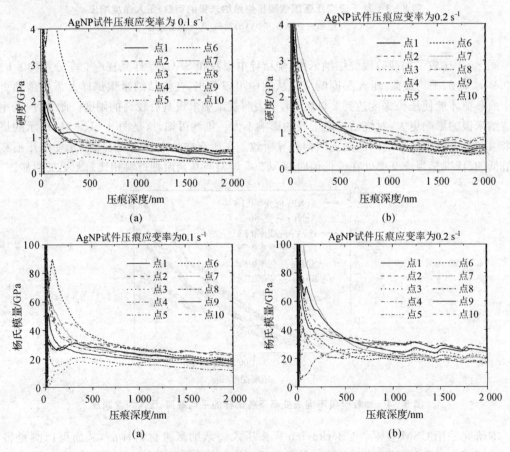

图 8-5 以压入深度为变量的烧结纳米银的硬度和杨氏模量

(a)应变率为 $0.1\ \text{s}^{-1}$ 下硬度响应；(b)应变率为 $0.2\ \text{s}^{-1}$ 下硬度响应；

(c)应变率为 $0.1\ \text{s}^{-1}$ 下杨氏模量响应；(d)应变率为 $0.2\ \text{s}^{-1}$ 下杨氏模量响应

如图 8-6 所示,对每种材料在两种应变率下各取 10 个点进行压痕重复实验,可以通过对大量的压痕离散数据点进行插分,从而得到压痕深度 500~2 000 nm 之间的纳米力学性质平均值。伴随所施加的应变率跃迁,可以清楚地观测到硬度和杨氏模量的变化情况。由此可知,每种材料的纳米力学性能均随着应变率的变化而同步发生变化。

如图 8-6(a)所示,烧结纳米银的硬度对所施加的应变率跃迁更加敏感,而应变率对烧结导电银胶和 SAC305 焊料的硬度影响可以忽略不计。通过对比压痕深度为 1 700 nm 的应变率可以发现,当初始应变率分别为 $0.2\ \mathrm{s}^{-1}$ 和 $0.1\ \mathrm{s}^{-1}$ 时,烧结纳米银的硬度相差约为 0.075 GPa,同等条件下烧结导电银胶硬度差约 0.007 GPa,而 SAC305 的硬度差约 0.029 GPa。应当指出的是,虽然对于 SAC305 焊料,应变率跃迁的影响似乎适中,但是应变率跃迁前、后的硬度比值相对较高,特别是对于压痕比较浅的地方。当应变率跃迁到较低值时,硬度值通常会在极短的时间内降低。当应变率为 $0.1\ \mathrm{s}^{-1}$ 和 $0.2\ \mathrm{s}^{-1}$ 时,SAC305 焊料硬度的测量值稳定在 0.25~0.28 GPa 范围,这与 2014 年 Xiao 等人所测量的硬度相符合。应变率为 $0.1\ \mathrm{s}^{-1}$ 和 $0.2\ \mathrm{s}^{-1}$ 时,烧结纳米银硬度大约为 0.50~0.60 GPa,而烧结导电银胶的硬度约为 0.46 GPa。

如图 8-6(b)所示,与硬度相比,应变率跃迁对杨氏模量的影响较为缓和。需特别指出的是,烧结纳米银和导电银胶的杨氏模量只会随深度压痕位移的增加而略微降低。但与烧结导电银胶相比,烧结纳米银对所施加的应变率更敏感。这主要是因为烧结纳米银在压痕过程中会密实化,相应形成的局部变形对所施加的应变率更为敏感。对于 SAC305 焊料来讲,当压痕深度大于 1 000 nm 时,所测得的杨氏模量主要取决于施加的应变率(即应变率为 $0.1\ \mathrm{s}^{-1}$ 和 $0.2\ \mathrm{s}^{-1}$ 时,对应的杨氏模量分别为 44.5 GPa 和 47.0 GPa),但杨氏模量对压痕深度不敏感。本章通过压痕实验所确定的杨氏模量,与前面章节中测得的杨氏模量值基本处于同一个量级,这也间接地验证了目前实验方法对所有样品测量结果的客观性。

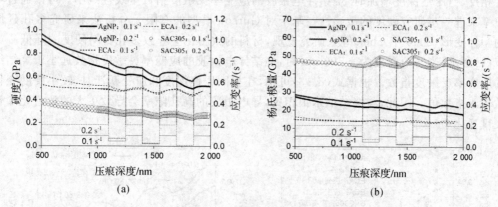

图 8-6 在不同的应变率下的硬度和杨氏模量的响应

(a)硬度响应;(b)杨氏模量响应

8.4 结果讨论

根据 2008 年 Alkorta 等人的研究方法,应变率 $\dot{P}/P$ 与有效应变率 $\dot{\varepsilon}$ 密切相关。硬度不随时间产生明显变化,因此可假设 $\dot{H}/H$ 取值为零,由此所施加应变率 $\dot{P}/P$ 约为有效应变率 $\dot{\varepsilon}$

的 2 倍,即

$$\frac{\dot{P}}{P} = \frac{\dot{H}}{H} + 2\frac{\dot{h}}{h} \approx 2\frac{\dot{h}}{h} = 2\dot{\varepsilon} \qquad (8-3)$$

式中:P 是所施加的压痕载荷;H 是硬度;h 是压痕深度;点符号表示相应变量的变化率。应该注意的是,幂律蠕变材料的等效应变率与硬度的关系基本遵循下式:

$$H = B\dot{\varepsilon}^m \qquad (8-4)$$

将硬度定义为 $H = P/h^2$,可以确定应变率灵敏度指数 m:

$$m = \frac{\mathrm{dln}H}{\mathrm{dln}\dot{\varepsilon}} \qquad (8-5)$$

考虑到应变率跃迁,可以通过下式计算应变率灵敏度指数 m,下标 i 和 j 分别代表应变率跃迁前后的位置。2008 年 Alkorta 推导了此部分公式。

$$m = \frac{\ln H_j - \ln H_i}{\ln \dot{\varepsilon}_j - \ln \dot{\varepsilon}_i} = \frac{\ln(H_j/H_i)}{\ln(\dot{\varepsilon}_j/\dot{\varepsilon}_i)} \qquad (8-6)$$

图 8-7(a)通过硬度和有效应变率之间的关系计算烧结纳米银的应变率灵敏度指数 m。对烧结导电银胶和 SAC305 焊料进行类似的计算之后,将应变率灵敏度指数与所施加应变率绘制成图,如图 8-7(b)所示。另外,本节对应变率为 0.1 s^{-1} 时应变率灵敏度指数进行了数值拟合,发现所研究材料的应变率灵敏度指数,都随着压痕深度的增大而呈现降低的趋势。但与烧结导电银胶和 SAC305 焊料相比,烧结纳米银的应变率灵敏度指数 m 在相同的压痕应变率下,随着压痕深度的增加,其下降趋于平缓并到达稳定。这意味着,应变灵敏度指数 m 根据式(8-3)烧结纳米银硬度变化趋势沿压入方向变化而趋于稳定,而 SAC305 焊料有类似的特性。其根本原因是当压痕足够深时,压头下的变形区呈现自相似特点,因此硬度与压痕深度无关。

相反,当压痕深度增加时,烧结导电银胶的应变率灵敏度指数呈线性减小。可以通过考虑孔隙率来进一步研究硬度的敏感性。基于对 Gurson 模型的有限元分析法来研究多孔延性材料的塑性变形,2006 年 Chen 等人研究发现,材料的致密化会导致多孔材料硬度的降低。如图 8-7(b)所示,当压痕深度为 1 700 nm 时,烧结导电银胶的应变率灵敏度指数远小于烧结纳米银的应变率灵敏度指数。根据式(8-3)可知,在相同压痕深度和应变跃迁时,较小硬度变化会导致较小指数值。因此,与烧结纳米银相比,导电银胶的高孔隙率会导致更大的致密化和较小的硬度变化。

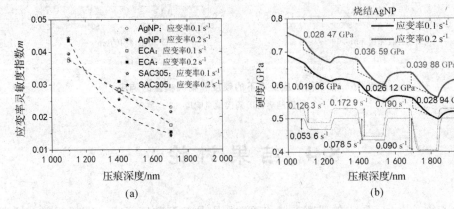

图 8-7　应变率灵敏度指数的计算结果

(a)硬度和相应应变率的响应;(b)应变率灵敏度指数

在等温条件下,蠕变行为可用幂律方程进行表示:

$$\dot{\varepsilon}_{c} = A\sigma^{n} \tag{8-7}$$

$$\sigma \propto P/h^2 \tag{8-8}$$

式中:A 是材料常数;σ 是所施加压头应力,其值与压痕深度 h 相关;n 是应力指数,一般可用来反映蠕变行为的变形机制。因此,可以通过式(8-7)计算出应力的指数,并绘成对数-对数图象以反映蠕变应变率与应力关系。在压痕载荷-压入深度过程中保持 20 s 的保载阶段,是为了在到达最大位移 2 000 nm 时减小卸载阶段蠕变效应的影响。在保载阶段保持压头压力不变,从而可得图 8-8(a)所示的蠕变变形。图 8-8(b)给出了根据 1988 年 Mayo 和 Nix 所定义的蠕变应变率 $\dot{\varepsilon}_{c}$,即

$$\dot{\varepsilon}_{c} = \frac{\dot{h}}{h} = \frac{\mathrm{d}h/\mathrm{d}t}{h} \tag{8-9}$$

式中:h 为总压痕深度;t 为保载时间。

如图 8-8(a)所示,一方面,SAC305 焊料试样的蠕变位移较大,应变率对 SAC305 焊料试样的影响更为显著。这个现象符合 2014 年 Xiao 等人对 SAC305 焊料进行的压痕实验的结果。另一方面,无论所施加应变率为多大,烧结纳米银和导电银胶蠕变位移均处于同一水平。在图 8-8(b)中,基于蠕变位移与保载时间关系的研究可以发现,蠕变应变率随时间增加而呈指数衰减。然而,在保载初始阶段,应变率对蠕变应变的影响更为明显。也就是说,由所施加应变率不同而产生的蠕变应变率差别,对烧结纳米银来说为 0.011 s^{-1},对导电银胶来说为 0.021 s^{-1},对 SAC305 焊料来说为 0.028 s^{-1}。如图 8-8(b)插图所示,在持续足够时间后,蠕变应变率的差别变得忽略不计。虽然有轻微的波动,但烧结纳米银和导电银胶两者的蠕变应变率基本稳定在 0.001 1 s^{-1},而 SAC305 的蠕变应变率稳定在 0.002 6 s^{-1}。同时应注意的是,在研究 SAC305 焊料的蠕变时发现,相比于持续 10 s 的保载阶段,本研究中保载阶段的持续时间越长时,所引起蠕变速率变得越小。

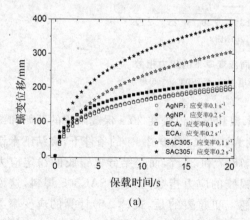
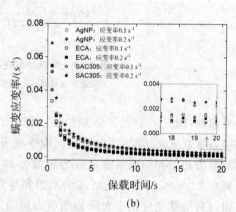

(a)　　　　　　　　　　　　(b)

图 8-8　保载阶段的蠕变行为

(a)蠕变位移;(b)蠕变应变率

图 8-9 利用 OriginPro 9.0 程序,建立线性函数模型,对开始和结束部分蠕变应变率与应力之间的对数关系进行数值回归计算。如图 8-9(c)所示,当保载阶段所施加应变率为 0.1 s^{-1} 和 0.2 s^{-1} 时,SAC305 焊料的初始应力指数为 16.2 和 19.0,结束时为 12.7 和 13.6。

当蠕变变形到一定值后，应力指数逐渐趋于稳定，其稳定值显示 SAC305 焊料的变形机制为位错攀移。此结论与 2004 年 Shohji 基于无铅焊料拉伸和应变率跃迁研究所得到的无铅焊料蠕变特性保持一致[4]。本实验和分析方法在评估焊料材料的纳米力学性能方面具有很高的可靠性。但 Phani 和 Oliver[5] 发现，在使用 Berkovich 压头时，压痕所产生的名义应变为 8%，因此压痕蠕变行为只能与在相同应变下的单轴蠕变实验结果相一致。因此，通过压痕法测量焊料材料的蠕变性能时，应进一步解决不同应变范围内宏观蠕变行为的适用性问题。

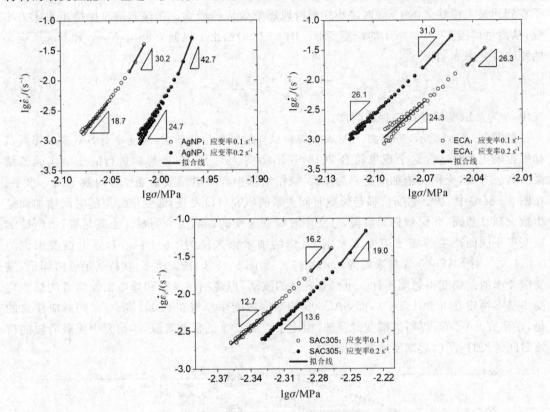

图 8-9 焊料材料在不同应变率下的应力指数
(a)烧结纳米银；(b)烧结导电银胶；(c)SAC305 焊料

类似地，图 8-9(a)(b)分别给出了烧结纳米银和导电银胶在 20 s 保载阶段的开始和结束时的应力指数变化情况，因此得出在应变率分别为 $0.1\ s^{-1}$ 和 $0.2\ s^{-1}$ 的条件下，烧结纳米银在保载阶段的初始和结束时稳定应力指数分别为 18.7 和 24.7，而烧结导电银胶的稳定应力指数分别为 24.3 和 26.1。烧结态纳米银和导电银胶的应力指数均大于 SAC305 焊料，这说明烧结银材料的蠕变应变率对所施加应力更为敏感。更重要的是，式(8-5)计算的应变率灵敏度指数 m 和式(8-7)得出的应力指数 n 存在潜在的倒数关系，而如图 8-9 所示，应力指数的倒数在保载阶段开始时与在图 8-7(a)中的数值保持同样水平，但在保载阶段结束时有明显增加的趋势。在保载阶段，积累的黏性变形可转化为较大的蠕变变形，因此蠕变变形趋于稳定，从而对所施加的应力更敏感。此外，应变率灵敏度指数 m 是在加载阶段计算得到的，而应力指数 n 是在保载阶段通过数值拟合得到的。因此可推测得到，具有复杂多孔结构的烧结纳米银在加载和保载阶段的变形机理是不同的，因此需要进行深入研究。从另一方面来看，如果可使保载阶段持续更长的时间以获得足够稳定的蠕变变形,那么烧结纳米银的蠕变行为可以通过流动应力和蠕变应变率的一个幂律关系进行表达,因此可利用 2014 年 Chinh 和 Szommer 所提出的数学方法,利用数值回归的方法方便地估算保载阶段的应变率灵敏度指数。

8.5　小　结

本章采用连续刚度测量技术,通过应变率跃迁纳米压痕方法研究了烧结纳米银的应变率敏感性。随着压痕深度大于 1 000 nm,在所施加应变率分别为 0.1 s^{-1} 和 0.2 s^{-1} 时,烧结纳米银硬度稳定为 0.50~0.60 GPa,而杨氏模量分别约为 18.1 GPa 和 22.0 GPa。相比于烧结导电银胶和 SAC305 焊料,烧结态纳米银的硬度较大,对所施加的应变率更为敏感,而应变率对烧结纳米银杨氏模量的影响不大。当压痕深度较大时,本章所研究的 3 种材料应变率灵敏度指数普遍呈减小趋势。当压痕深度处于 1 000~2 000 nm 之间时,烧结纳米银和 SAC305 焊料硬度变化率趋于稳定。高孔隙率材料的致密化特性使得硬度变化减小,因而烧结导电银胶的应变率灵敏度指数呈线性下降的趋势。相比于 SAC305 焊料,烧结纳米银和导电银胶的蠕变位移对所施加的应变率相对不敏感。特别是在保载阶段开始时,蠕变应变率要低得多。在应变率为 0.1 s^{-1} 和 0.2 s^{-1} 时,烧结纳米银的应力指数分别为 18.7 和 24.7。

参 考 文 献

[1] LONG X,TANG W,XIA W,et al. Nanoindentation response of pressure-less sintered silver nanoparticles [C]//IEEE Singapore Chapter and EPS. 19th Electron. Packaging Technol. Conf. Singapore:IEEE,2017.

[2] MAIER V,DURST K,MUELLER J,et al. Nanoindentation strain-rate jump tests for determining the local strain-rate sensitivity in nanocrystalline Ni and ultrafine-grained Al [J]. Journal of Materials Research,2011,26(11):1421-1430.

[3] ALKORTA J,MARTÍNEZ-ESNAOLA J M,GIL SEVILLANO J. Critical examination of strain-rate sensitivity measurement by nanoindentation methods:Application to severely deformed niobium [J]. Acta Materialia,2008,56(4):884-893.

[4] SHOHJI I,YOSHIDA T,TAKAHASHI T,et al. Tensile properties of Sn-Ag based lead-free solders and strain rate sensitivity [J]. Materials Science & Engineering A,2004,366(1):50-55.

[5] PHANI P S,OLIVER W C. A direct comparison of high temperature nanoindentationcreep and uniaxial creep measurements for commercial purity aluminum [J]. Acta Materialia,2016,111:31-38.

第9章 基于纳米压痕法研究烧结银颗粒 微观结构与本构行为的关联机制

9.1 简 介

在银颗粒的烧结过程中,随着颗粒间的原子扩散和烧结颈的形成,颗粒间形成了三维网络多孔结构。根据已有文献的结论可以基本判定,孔隙率和微观结构会影响烧结银浆的力学性能,但现有研究很少讨论两者相互之间的内在关联机制,尤其是很少从微观结构角度强调银颗粒尺寸以及形状比例和分布的影响效应。

本章对两种典型的无压烧结银颗粒[即纳米银颗粒(AgNP)和微米银颗粒(AgMP)]进行实验研究,以揭示烧结银颗粒微观结构与本构行为之间的内在关联机制。研究表明,非均质微观结构在形貌和热稳定性方面存在着明显差异。通过扫描电子显微镜,本章观察并讨论这两种银浆烧结机理的差异。在热稳定性方面,本章利用热重分析和差示扫描量热法研究颗粒粒径以及形状对烧结温度和质量损失的影响。在不同的压痕应变率下,本章通过纳米压痕技术,采用 Berkovich 压头施加至 2 000 nm 的压入深度,研究烧结后 AgNP 以及 AgMP 样品的微观结构对力学性能的影响规律。在压痕实验过程中,测量所得的杨氏模量和硬度可作为压入深度的函数。根据纳米压痕实验中加载阶段积分计算得到的做功量和卸载阶段的接触刚度,通过求解无量纲方程,可分析得到材料幂律本构模型的参数。通过比较烧结后的 AgNP 和 AgMP 的性能,阐明微观结构与本构行为之间的内在关联机制,但关于颗粒粒径和形状的影响效应仍有待进一步研究。最后,讨论分析本构模型,对烧结银浆的微观结构和力学性能进行相互关联,达到优化银浆颗粒设计的目的,为大功率器件电子封装结构提供所需的力学可靠性评估依据。

9.2 材料说明

本章实验中,以纳米颗粒为主的银浆来自深圳市先进连接科技有限公司,以微米级的颗粒和薄片为主的银浆来自京瓷公司。经配制后,两种银浆均无需额外施加压力而进行烧结。为了便于讨论,下面将前一种由银纳米颗粒组成的银浆记为"AgNP",将后一种记为"AgMP"。在烧结前,用带有背散射电子成像模式的场发射 SEM(JSM-7610F by JEOL),在 15 kV 的加速电压下分别观察两种银浆。如图 9-1(a)(b)所示,研究发现 AgNP 银浆内颗粒呈均匀球形,颗粒直径最大约为 100 nm,平均直径约为 26 nm。如图 9-1(c)(d)所示,AgMP 银浆颗粒不太均匀,无法通过粒度分析仪(Mastersizer 3000 by Malvern)进行统计测量。放大倍数分别为 2k 和 10k 的 AgMP[见图 9 - 1(c)(d)]大部分银颗粒呈薄片状,其特征尺寸最大约为 16.5 μm,而所包含亚微米级银颗粒的平均直径约为 0.43 μm。银浆颗粒的尺寸分布如图 9 - 2 所示。值得注意的是,在两种银浆中均未观察到明显的聚合或聚集现象,这说明银浆颗粒在未烧结前保持良好状态。

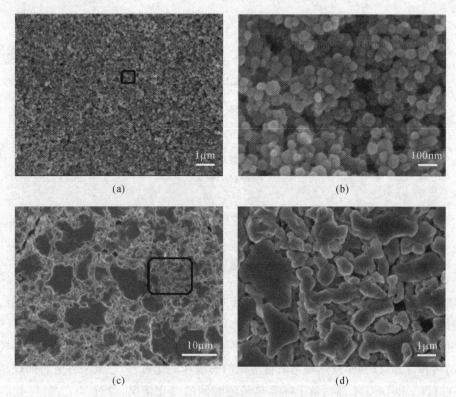

(a)　　　　　　　　　　　　　　(b)

(c)　　　　　　　　　　　　　　(d)

图 9 - 1　未烧结前银浆微观结构

(a)放大倍数为 10 k 的 AgNP;(b)放大倍数为 100 k 的 AgNP;(c)放大倍数为 2 k 的 AgMP;(d)放大倍数为 10 k 的 AgMP

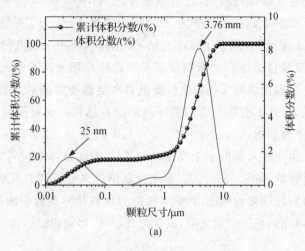

(a)

图 9 - 2　银浆颗粒的尺寸分布

(a)AgNP 银浆

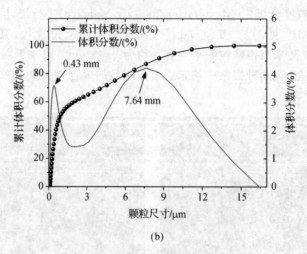

(b)

续图 9－2　银浆颗粒的尺寸分布

（b）AgMP 银浆

9.3　研　究　方　法

在烧结过程中，使用 NETZSCH TG 209F3 进行 TGA 分析，使用 TA Q20 进行 DSC 分析，在纯氮流速为 20 mL/min、加热速率为 20 ℃/min 的条件下升温至 450℃ 的过程中，对银浆热稳定性进行分析描述。在 DSC 中，首先将温度加热到 450℃，然后冷却至室温，接着进行第二次加热和冷却，以判断放热峰是来自溶剂的解吸和汽化过程，还是来自浆料的烧结和催化反应。在 TGA 和 DSC 中都测量了样品热量随时间的变化情况，通过 TGA 的导数曲线分析银浆的质量损失率，并利用 Origin9.0 中相邻-平均法对曲线进行了平滑处理。

在无压情况下烧结的具体过程为：在升温速率约为 10 ℃/min 的条件下，将热台升温至 250℃，再将银浆置于热台上，在 250℃ 的空气氛围中持续 1 h。为了评估其力学性能，本章采用由 Agilent Technologies 公司生产的 G200 纳米压痕仪，利用三棱锥的 Berkovich 金刚石压头，对准备好的的圆盘状样品进行纳米压痕实验。此样品用牙托粉镶嵌至聚乙烯（Polyvinyl Chloride，PVC）管中。固化后的牙托粉能够提供具有足够硬度的基质来支撑，同时在凝固过程中不释放大量热量，因此不会影响烧结银样品的微观结构。通过控制 Berkovich 压头的压入速度，使压痕应变率分别达到 $0.02\ s^{-1}$、$0.05\ s^{-1}$、$0.10\ s^{-1}$ 以及 $0.20\ s^{-1}$，达到 2 000 nm 的相同最大压入深度。由于压入深度小于厚度的 0.1%，因此基体效应可以忽略不计。本章通过采用具有自相似特性的 Berkovich 压头，利用无量纲法来分析纳米压痕实验结果，利用加载阶段的做功量和卸载阶段的接触刚度，对纳米压痕和材料拉伸实验中的材料响应进行相关性分析。也就是说，可以在纳米压痕响应中，以压痕载荷-位移响应的形式分析提取应力-应变关系的本构行为。

9.4　实验结果

9.4.1　烧结形貌

图 9-3 给出了放大倍数为 10k 时烧结银浆的微观形貌。随着烧结过程中热能输入的驱动,烧结银颗粒中三维网状多孔结构的形成被归因于银颗粒间原子扩散和烧结颈的影响。与图 9-1(a)中的纳米颗粒相比,在图 9-3(a)中用相同的放大倍数进行观察,烧结后的 AgNP 中形成了更大的银颗粒,其特征尺寸为 100～500 nm。这意味着由于烧结过程中银原子的扩散,许多 AgNP 通过颈生长的机制进行连接。由于相邻颗粒间的不均匀生长,晶界逐渐形成并作为一个过渡区域,在此区域中一些原子并非完全对齐排列。因此,一个较大的银晶粒可以通过消耗一些较小的 AgNP 颗粒而形成。对于 AgMP 浆体,可以从图 9-1(d)和图 9-3(b)中明显地观察到在烧结前、后材料微观形貌的变化。烧结颈的形成可能导致亚微米级的银颗粒连接到相邻的薄片。颗粒间原子扩散形成烧结颈,因此烧结过后,在特定温度曲线下颗粒间会形成网络结构。然而,观察发现银薄片尺寸并没有显著增加。因此可以得出结论:与微米颗粒相比,纳米颗粒更易于扩散并在更小的颗粒间形成烧结颈。据此可以进一步推断,一方面,在具有更高表面能的较小尺寸的球形颗粒上,原子扩散的过程更活跃,这一过程将导致烧结颈的形成并且可以有效增加银颗粒的尺寸。另一方面,尽管在烧结过程中输入了热能,但银薄片上的表面能过低,因此一定程度上减缓了原子扩散。以上讨论阐明了两种不同颗粒级别的银浆之间的烧结机制的内在差异。显然,烧结后 AgMP 的微观结构不如烧结后 AgNP 的微观结构均匀,这也导致了两种银浆在力学、电气和热力性能等方面的显著差异。

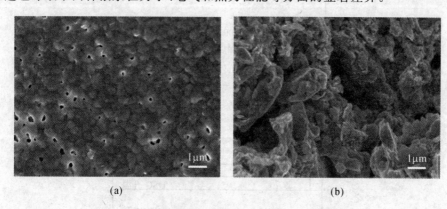

(a)　　　　　　　　　　　　　　　　(b)

图 9-3　放大倍数为 10k 时烧结银浆的微观形貌

(a)AgNP 银浆;(b)AgMP 银浆

9.4.2　热稳定性

对于 AgNP 浆体,图 9-4(a)表明其质量损失开始于 59.8℃,结束于 142.6℃。在此温度变化过程中，其累积质量变化量为 12%。如图 9-4(b)所示，第一次 DSC 加热结果表明，81.2～143.2℃之间较温和的放热峰，导致了烧结过程中的质量损失。在 DSC 第二次加热中，则没有观察到明显的放热峰，可以判定质量损失是由溶剂的解吸和汽化引起的。因此可进一步认为，165.0℃时放热尖峰是由剧烈的烧结过程以及黏合剂和银颗粒之间的催化反应导致的。对于 AgMP 浆体，如图 9-4(c)所示，在 90.8～182.1℃温度之间其累积质量变化量为 8%，结合图 9-4(d)的结果可知，此过程发生在 145.3℃附近的温和放热峰处。

与 AgNP 浆体相比，AgMP 浆体烧结过程中质量损失更小，但溶剂的解吸和汽化温度更高。这可能是由于具有更小球形颗粒的银浆的烧结过程效率更高，与 AgMP 中的薄片相比，AgNP 银浆具有更高的表面能。另外，205.2℃的尖锐的吸热峰标志着 AgMP 的特征烧结温度。这意味着含有微米尺度薄片的更大银颗粒在烧结过程中需要更高的烧结温度，但是，为了避免纳米颗粒的聚合或聚集现象，AgNP 浆体中可蒸发黏合剂的质量比例更高，导致 AgNP 浆体烧结过程中含有更小颗粒银浆的质量损失更大。因此，具有更小尺寸的球形颗粒的银浆可在更低的热能输入下有效地烧结并形成热稳定状态的微观结构，即烧结过程中烧结温度更低和烧结持续时间更短。这种热稳定状态可能有助于形成图 9-3(b)所示的带有更细密孔洞的致密微观结构，因此避免了形成诸如孔洞和裂纹等形式的损伤起始源头，相应地也有助于提升烧结 AgNP 的力学性能。

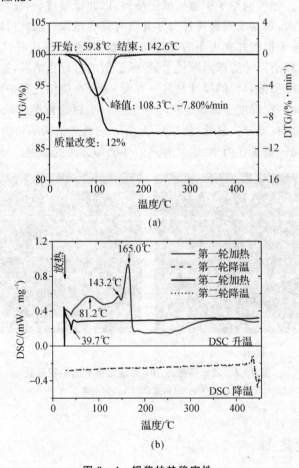

(a)

(b)

图 9-4 银浆的热稳定性

(a)AgNP 的 TG 和 DTG 结果；(b)AgNP 的 DSC 结果

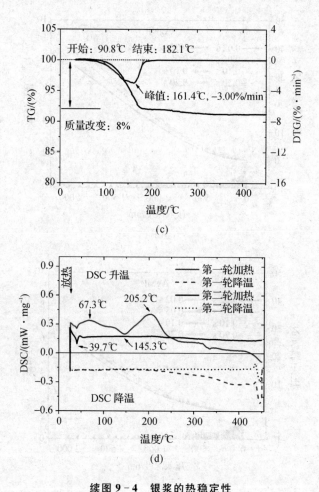

续图 9-4　银浆的热稳定性

(c)AgMP 的 TG 和 DTG 结果;(d)AgMP 的 DSC 结果

9.4.3　纳米压痕响应

图 9-5 中用压痕载荷-位移关系的形式阐明了测量所得的纳米压痕响应。为了评估在相同条件下所重复进行的纳米压痕实验之间的结果偏差,采用条形图形式的变异系数(Coefficient of Variation, COV)作为压入深度的函数。如图 9-5 所示,两个材料样本的测试结果都显示了类似规律,即随着压入深度的增加,施加的载荷也随之增大。同时,在实验中也观察到了应变率效应,尤其是当压痕应变率处于 0.02 s^{-1} 和 0.05 s^{-} 时更明显。在压入初始阶段,由于样品表面具有多孔微观结构和粗糙度大,COV 相对较高。紧接着,当压入深度大于 1 500 nm 时,COV 逐渐接近稳定值,该值可以被当作能可靠获得力学性能(如杨氏模量和硬度)的参考值。在相同的压入深度下,AgNP 上的外加载荷明显大于 AgMP 上的外加载荷。这表明银浆中银颗粒越小,其力学强度越高。

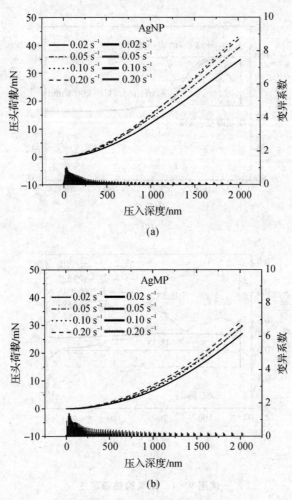

图 9-5　烧结样品的纳米压痕响应
(a)AgNP 银浆；(b)AgMP 银浆

　　利用 CSM 技术，在加载阶段可以通过测量得到杨氏模量和硬度等基本力学性能参数，且将其作为压入深度的函数进行表达。与 CSM 技术相比，Hay 等人[1] 提出的经典 Oliver-Pharr(OP)方法在很大程度上依赖于由纳米压痕响应的初始卸载斜率所测得的接触刚度。然而，实际操作中很难客观地确定接触刚度值。纳米压痕响应曲线的初始卸载斜率变化非常快，以至于根据幂律函数数值所拟合得到的卸载曲线在不同范围内有不同的接触刚度值。比如，由Anton Parr 生产的纳米压痕测试仪 NHT^2，建议将最大施加载荷的 $40\%\sim98\%$ 之间的范围值作为默认的接触刚度取值范围。OP 方法的另一个挑战是，在压痕过程中由于压头周围会产生堆积和下沉变形，因此很难准确地测量真实的接触面积。正如 Martin 和 Troyon[2] 所发现的，OP 模型大大低估了杨氏模量的取值。本书采用 Hay 等人[1] 提出的 CSM 技术，在评估杨氏模量值时，考虑了框架刚度和振幅比的实数部分。因此，CSM 方法反映了所施加的激振力、位移反应振幅以及相位平移的影响。

　　如图 9 - 6 所示,压入深度 1 500～1 600 nm 之间是合适的,在此范围内可获得杨氏模量和硬度的稳定值,并且能够可靠地测得图 9 - 5 所示的烧结样品的力学性能。这些值与最近研究报导的由具有多次应变率跳跃的压痕法的测量值相近[3]。从图 9 - 6 可以看出,AgNP 和 AgMP 微观结构并未明显影响杨氏模量。但是,烧结后 AgNP 的硬度略高于 AgMP。一般认为,硬度和屈服强度之间存在线性关联,较高的硬度值意味着 AgNP 的屈服强度会更高。尽管在提出本构模型计算时未将硬度作为参数,但可以使用纳米压痕方法把硬度视为将微观结构与力学性能相关联的准则。烧结 AgNP 和 AgMP 材料的残余压痕如图 9 - 7 和图 9 - 8 所示,体现出两种材料均具有一定程度的塑性变形能力,因此可以进一步开展弹塑性本构模型参数的反演分析。

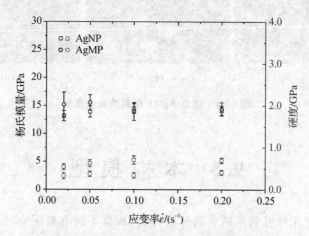

图 9 - 6　烧结银材料的杨氏模量和硬度

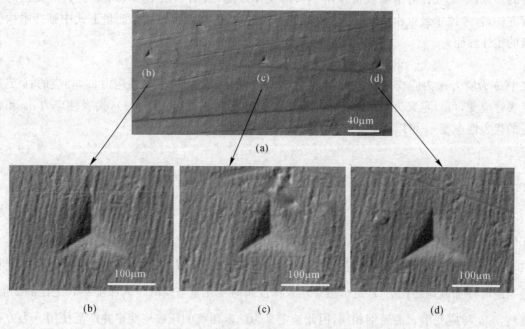

图 9 - 7　烧结 AgNP 材料的残余压痕

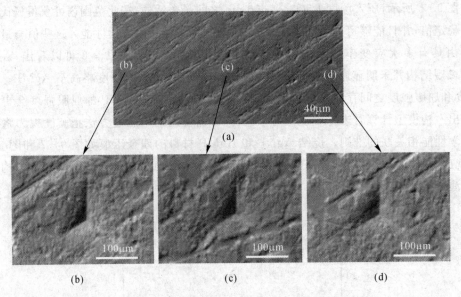

图 9 - 8　烧结 AgMP 材料的残余压痕

9.5　本构模型

目前文献中已有几种可利用的数值分析方法，根据不同类型压头（如锥形压头和球形压头）作用下的纳米压痕响应，可提取材料应力-应变关系形式的本构行为。为了解决求解唯一性的难点，本研究针对单轴载荷作用下材料拉伸性能，采用了由 Ogasawara 等人[4]提出的分析方法，且考虑了最近由 Long 等人[5]对此方法的改进，从而可以用来测量下式中幂律本构模型的塑性性能。

$$\sigma = R\varepsilon^n \tag{9-1}$$

式中：σ 为应力；ε 为应变；n 为硬化指数；R 为加工硬化率。对于代表性应力 σ_R，相应的 ε_R 就是代表性应变，可以定义为轴对称变形过程中的塑性应变。根据式（9 - 1），代表性应力 σ_R 和相应的代表性应变 ε_R 可以由下式进行关联。

$$\sigma_R = R(\varepsilon_R)^n \tag{9-2}$$

正如 Alkorta 等人[6]所推导的，施加的应变率 $\dot{P}/P$ 与硬度和压入深度密切相关，即

$$\frac{\dot{P}}{P} = \frac{\dot{H}}{H} + 2\frac{\dot{h}}{h} \approx 2\frac{\dot{h}}{h} \tag{9-3}$$

式中：P 是施加的压痕载荷；H 是硬度；h 是压入深度。变量上的点号表示相应变量的速率。

由于硬度与时间的关系不是很明显，因此可以假设 $\dot{H}/H$ 项为零。外加载荷的瞬时变化量与瞬时外加载荷之比 $\dot{P}/P$ 近似等于压入深度瞬时变化量与瞬时压入深度 $\dot{h}/h$ 之比的 2 倍，显然，$\dot{h}/h$ 与应变率 $\dot{\varepsilon}$ 的量纲相同，因此被定义为纳米压痕的压痕应变率并广泛使用。为方便起见，除非另有说明，"应变率"专指此部分的压痕应变率。

本章基于 Berkovich 压头的自相似性,分别考虑了加载阶段所做功的做功量和卸载阶段的接触刚度,分别计算得到代表性应力 σ_R 和硬化指数 n。为了将材料在纳米压痕和拉伸实验过程中测得的响应联系起来,经 Long 等人[5]的校正,代表性应力 σ_R 和硬化指数 n 分别依赖于率因子 ψ_σ ($=0.56$)和 ψ_n ($=0.33$)。随加载阶段的外加载荷的增加,基于数值拟合的无量纲分析为

$$\frac{W_t}{\delta_{max}^3 \sigma_R / \psi_\sigma} = -0.208\,21\xi^3 + 2.650\,2\xi^2 - 3.704\,0\xi + 2.772\,5 \qquad (9-4)$$

式中:W_t 为由加载区域中的区域积分确定的压痕功;δ_{max} 为压入深度最大值;σ_R 是与代表性应变 ε_R 对应的代表性应力,对于半角为 $65.27°$ 的 Berkovich 压头,该代表性应力由数值拟合 $\varepsilon_R = 0.031\,9\cot\alpha$ 确定[7]。

无量纲变量 $\xi = \ln(\overline{E}/\sigma_R\psi_\sigma)$ 与平面应变模量 $\overline{E} = E/(1+\nu^2)$ 有关,其中 E 是利用 CSM 技术所测量得到的杨氏模量,如图 9-6 所示。ν 是泊松比,忽略孔隙率效应,可近似认为其为 0.37。在此之后,为了拟合归一化的接触刚度 S,在初始卸载阶段的含有 $\vartheta = n/\psi_n$ 函数的无量纲分析为

$$\frac{S}{2\delta_{max}\overline{E}} = A\xi^3 + B\xi^2 + C\xi + D \qquad (9-5)$$

式中:$A = -0.047\,83\vartheta^2 + 0.046\,67\vartheta - 0.019\,06$;$B = 0.645\,5\vartheta^2 - 0.632\,5\vartheta + 0.223\,9$;$C = -2.298\vartheta^2 + 2.025\vartheta - 0.451\,2$;$D = 2.050\vartheta^2 - 1.502\vartheta + 2.109$。

此无量纲分析是基于 Ogasawara 等人[4]的大量有限元模拟结果开展的。式(9-4)和式(9-5)中左右无量纲项复现了纳米压痕变形中特征载荷和卸载响应。在机械性能方面,本研究发现在加载阶段所做的功决定了代表性应力,硬化指数则由接触刚度决定。

由于在相同压入深度下 AgNP 的承载能力明显大于图 9-5 中 AgMP 的承载能力,因此在加载阶段 AgNP 上所做的总功更大。这与在图 9-9 中所观察到的结果一致。应当注意的是,如图 9-5 所示,由于多孔微观结构的表面粗糙度的影响,初始压入时的 COV 更高。随着压入深度的增加,压头与周围材料之间充分接触,使多孔微观结构更加密实。因此,当 COV 更小时,所提取的平均性能更具代表意义。基于以上计算,本研究所取的总功考虑了压痕初始压入后的做功贡献,所选取的加载阶段大约占整个区域所做功的 70%。在图 9-9 中还发现,对于 AgNP 和 AgMP,在较高的压痕应变率下,所做的总功似乎总接近于 24 482 mN·nm 和 14 849 mN·nm 的固有极限,该值可以由数值拟合的方法,利用含有负指数的指数函数来进行估算。此外,与 AgMP 相比,AgNP 对压痕应变率更敏感。但是,这两种烧结材料都对大于 $0.10\ s^{-1}$ 的压痕应变率不敏感。在高应变率应用方面,其所做的饱和功为优化烧结 AgNP 和 AgMP 材料的力学性能提供了可能。

由于式(9-4)的左、右项是代表性应力 σ_R 的函数,所以式(9-4)的左、右项可以通过改变图 9-10 所示的 σ_R 的值,计算得到代表性应力值 σ_R 的率因子 ψ_σ ($=0.56$)。因此,根据图 9-9 中的做功量,可以利用式(9-4)中参数的左、右项在两条曲线交点处的数值来求解代表性应力 σ_R,如图 9-10 所示。显然,右项没有太大变化,而左项中所做的功主要决定了代表性应力的解。

由于可以通过压痕载荷-位移响应的卸载阶段的初始斜率来测量接触刚度 S,所以在得到了代表性应力 σ_R 之后,硬化指数 n 成为式(9-5)中唯一的未知数。例如,对于图 9-11 中 AgNP 和 AgMP 样品,可以测量压痕应变率为 $0.02\ s^{-1}$ 时纳米压痕的接触刚度。因此,可以利用图 9-12 中不同压痕应变率下的平均接触刚度近似求解图 9-13 所示的纳米压痕在 $0.02\ s^{-1}$ 的压痕应变率下式(9-5)的数值解。

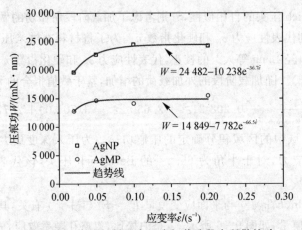

图 9-9　烧结材料纳米压痕加载阶段中所做的功

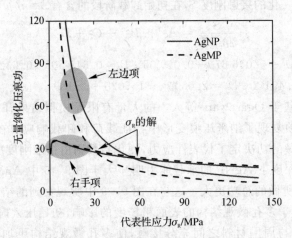

图 9-10　纳米压痕在 0.02 s⁻¹ 的压痕应变率下式(9-4)的数值解

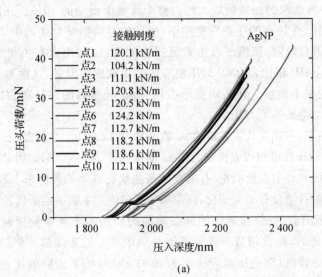

(a)

图 9-11　纳米压痕在 0.02 s⁻¹ 的压痕应变率下所测量的接触刚度

(a) AgNP 银浆

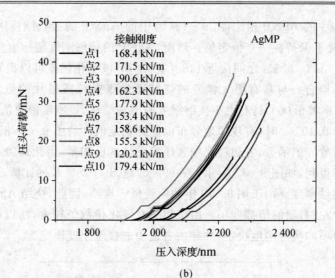

(b)

续图 9 - 11　纳米压痕在 0.02 s⁻¹ 的压痕应变率下所测量的接触刚度

（b）AgMP 银浆

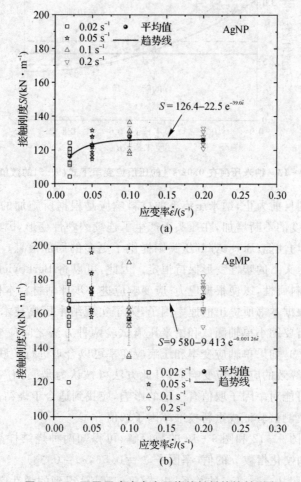

图 9 - 12　不同压痕应变率下烧结材料的接触刚度

（a）AgNP 银浆；（b）AgMP 银浆

与图 9-12(a)中的 AgNP 相比，图 9-12(b)中的 AgMP 的接触刚度明显表现出更多的随机性，但平均值几乎保持在一个恒定值。然而，AgNP 的接触刚度随压痕应变率的增大而增大，并且在 $0.10\ \text{s}^{-1}$ 和 $0.20\ \text{s}^{-1}$ 之间接近 $148.7\ \text{kN/m}$，该变化规律可以很好地利用含有负指数的指数函数进行拟合。与具有更大偏差的烧结微米级颗粒或薄片的恒定接触刚度相比，AgNP 银浆中纳米颗粒形成了具有更小接触刚度的微观结构，该刚度值更依赖于应变率，并且在压痕应变率高于 $0.10\ \text{s}^{-1}$ 时，有规律地分布以达到稳定值。与图 9-10 相似，式(9-5)的右边项是关于硬化指数 n 的函数，左边项是纳米压痕响应的已知量，因此式(9-5)的右边项可以通过改变 n 值计算得到，如图 9-13 所示。式(9-5)是 S 与 $2\delta_{\max}\overline{E}$ 的比值，所以图 9-13 的 y 轴称为无量纲化接触刚度。由于图 9-13 中的曲线低于虚线，因此，烧结 AgNP 样品的微观结构导致式(9-5)中左、右项的值都变小。由于相交时硬化指数值较大，所以可以推断出式(9-5)的解主要由左边项的接触刚度决定，并非由右边项的接触刚度决定。

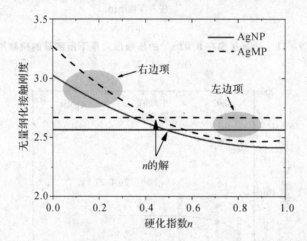

图 9-13　纳米压痕在 $0.02\ \text{s}^{-1}$ 的压痕应变率下式(9-5)的数值解

应该注意的是，到目前为止，纳米压痕下的材料响应是根据所施加的载荷-位移曲线进行测量的。随着压痕深度的不断增加，在压头下产生了连续的塑性变形，因此认为球形压头更适合提取多孔材料的平均性能，Berkovich 压头则提供了更多的局部信息。此外，由于自相似几何性，在锥体或圆锥压头下的塑性变形保持恒定。因此，可以将 Berkovich 压头提取的局部响应近似地用作固有材料属性，以便根据应力-应变响应进一步评估材料本构模型。与单轴测试中的大块材料相比，根据本书所提出的速率因子，为了实现纳米压痕技术下应力-应变响应与本构响应的关联性，需要缩小单轴测试和纳米压痕试验两种方法之间应变率的巨大差距。从无铅焊料的标定中可知，如果单轴应变率和压痕应变率可以合理进行关联，那么通过单轴和纳米压痕测试可以获得等效的应力-应变响应，且此方法可被认为是一种广义方法。然而，应当指出，烧结多孔结构可能对率因子取值有一定的影响，应找到适合于烧结多孔银材料的测试设备，以通过单轴和压痕测试验证或重新校准率因子取值。

通过求解类似于图 9-12 和图 9-13 的数值解，可得知两种烧结样品在所有压痕应变率下的代表性应力 σ_R 和硬化指数 n 的值（率因子 $\varphi_\sigma=0.56$，$\varphi_n=0.33$）[5]。通过合理假设可知，烧结材料的弹性行为服从 $\sigma_e=E\varepsilon_e$ 的关系，由式(9-1)计算得到的弹性应力小于塑性应力，直到出现塑性行为为止。这种从弹性应力到塑性应力的转变被视为发生屈服的关键转变点，可由此来确定材料的屈服强度值。由于代表性应力 σ_R 对应于代表性应变 ε_R，所以可以根据式 (9-2) 中先前确定的硬化指数 n 来计算加工硬化率 R。因此可得到幂律本构模型并在式 (9-1) 中进行相关参数计算，具体数值列于表 9-1 中。采用上述方法，可计算得到烧结材料在不同单轴应变率下的应力-应变关系，直到应变为 0.1 的位置，如图 9-14 所示,。此极限应变取值小于延性纯银的极限应变，但能够满足电子封装结构有限元仿真失效前的变形。

在图 9-14 中可以观察到，在纳米压痕实验中，加载阶段的做功量不断增加以及卸载阶段的接触刚度不断降低，烧结后 AgNP 的屈服强度和硬化行为均远大于 AgMP。这与图 9-6 中烧结后 AgNP 的硬度略大于 AgMP 的测量结果非常一致。多孔微观结构的密实性使得 AgNP 所测得的强度接近于银的极限强度水平。此外，表 9-1 表明，与 AgNP 相比，AgMP 的硬化指数随着压痕应变率的增加而显着降低。这意味着银浆的粒度直接影响和决定了烧结材料的本构行为。为了获得理想的电子封装结构，需要在制造成本和产品质量间进行权衡，针对可用作高温电子应用的芯片贴装材料的银浆，本书的研究结果为通过调整银浆的粒径和形状以达到优化烧结后材料的力学可靠性提供了可能。

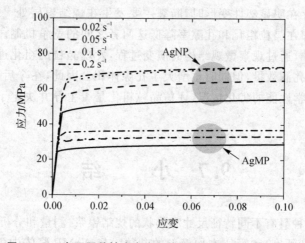

图 9-14　在不同单轴应变率下烧结材料的应力-应变关系

表 9-1　烧结银材料本构模型参数

材料	单轴应变率/(s^{-1})	E/GPa	σ_R/MPa	S/$(kN \cdot m^{-1})$	n	R/MPa
AgNP	0.02	13.2	52.0	136.8	0.049	60.9
	0.05	13.9	62.1	144.3	0.049	72.7
	0.10	14.5	69.2	150.4	0.045	80.0
	0.20	14.1	70.2	148.1	0.038	79.2
AgMP	0.02	15.2	27.7	163.8	0.044	31.9
	0.05	15.5	32.3	173.2	0.035	36.1
	0.10	14.0	32.5	157.4	0.030	35.7
	0.20	14.4	36.5	170.3	0.018	38.6

9.6 方法局限性讨论

值得注意的是，本章所提出的本构模型更适用于烧结银材料的受压性能描述。然而，本章所提出的分析方法中没有关于应变极限的失效准则，因此当烧结材料处于大变形状态下时，无法准确给出由于应变过大而失效的预测结果。由于上述破坏很容易由测试样品中的微观缺陷引起，且通常不会观察到明显的塑性行为，因此应谨慎使用本书所提出的本构模型描述拉伸和剪切行为。因此，本书所提出的本构模型可体现出显著的塑性行为，且与实验测量结果类似；但是，所测得的杨氏模量和硬度的取值仍然可信。此外，本书所提出的模型仅用于描述烧结银材料的本构行为，因此，该模型不能用于预测由于电子封装结构中不同材料之间的热膨胀系数不匹配所引起的界面黏结破坏。

通常认为，具有更小尺寸的银颗粒更有利于提高烧结银颗粒的力学强度。这可通过如下事实进行证实：即当存在明显塑性变形时，断裂主要发生在烧结银层处[8]。但是，除了烧结过程，在高温过程中也存在晶粒粗化和孔隙率降低这两者之间的竞争机制。笔者近期的相关研究表明，在烧结过程中，通过观察微观结构的演变过程，发现晶粒的粗化进一步消耗了更小尺寸的银颗粒并减少了孔洞数量，但同时也增大了孔隙体积。因此，在今后的研究中，可以通过考察烧结银材料的力学性能的劣化情况，评估晶粒粗化是否主导并决定了贴装结构高温服役的寿命。

9.7 小 结

本章通过比较两种具有不同特征尺寸和形状的烧结银浆，测量和分析了其热稳定性、力学性能（例如杨氏模量和硬度）和幂律本构模型的参数。与 AgMP 浆体中微米级颗粒和薄片相比，AgNP 浆体中纳米银颗粒的烧结温度更低，但更大程度的溶剂解吸和蒸发，导致其质量损失也更大。基于纳米压痕法的实验结果，本章从理论上揭示了烧结银材料微观结构与本构行为之间的内在关联机制。与 AgMP 相比，烧结后 AgNP 硬度略有增加，但对杨氏模量的影响略小。通过无量纲分析求解非线性方程后，获得了烧结银材料的幂律本构模型及其参数确定方法。

对于 AgNP 和 AgMP 两种材料，在较高的压痕应变率下，压头的做功量接近固有极限。与 AgMP 相比，AgNP 材料的接触刚度更小，偏差也更小，但对应变率的敏感性更高，当压痕应变率大于 $0.10\ \mathrm{s}^{-1}$ 时趋于稳定。更重要的是，把银颗粒的特征尺寸从微米级缩小到纳米级后，烧结材料的屈服强度和硬化行为均显著提高。考虑到粒径和形状对烧结材料的力学性能的影响，作为一种电子封装结构高温应用的芯片贴装材料，可通过调整银浆的粒径和形状来提升材料的力学可靠性。但需要指出的是，应该开展进一步的基础研究，从表面能的角度分析粒径和形状对烧结材料力学性能的影响规律。

参 考 文 献

[1] HAY J, AGEE P, HERBERT E. Continuous stiffness measurement during instrumented indentation testing [J]. Experimental Techniques, 2010, 34(3): 86 – 94.

[2] MARTIN M, TROYON M. Fundamental relations used in nanoindentation: Critical examination based on experimental measurements [J]. Journal of Materials Research, 2002, 17(9): 2227 – 2234.

[3] LONG X, TANG W, FENG Y, et al. Strain rate sensitivity of sintered silver nanoparticles using rate-jump indentation [J]. International Journal of Mechanical Sciences, 2018, 140: 60 – 67.

[4] OGASAWARA N, CHIBA N, XI C. Measuring the plastic properties of bulk materials by single indentation test [J]. Scripta Materialia, 2006, 54(1): 65 – 70.

[5] LONG X, ZHANG X, TANG W, et al. Calibration of a constitutive model from tension and nanoindentation for lead-free solder [J]. Micromachines, 2018, 9(11): 1 – 13.

[6] ALKORTA J, MARTÍNEZ-ESNAOLA J M, GIL SEVILLANO J. Critical examination of strain-rate sensitivity measurement by nanoindentation methods: Application to severely deformed niobium [J]. Acta Materialia, 2008, 56(4): 884 – 893.

[7] KHRUSHCHOV M M, BERKOVICH E S. Methods of determining the hardness of very hard materials: The hardness of diamond [J]. Industrial Diamond Review, 1951, 11: 42 – 49.

[8] ZHANG Z, CHEN C T, YANG Y, et al. Low-temperature and pressureless sinter joining of Cu with micron/submicron Ag particle paste in air [J]. Journal of Alloys and Compounds, 2019, 780: 435 – 442.

第 10 章　基于纳米压痕反演分析的弹塑性材料表面应变分析

10.1　简　介

本章利用纳米压痕技术研究小尺寸封装材料的原位力学行为。本章的重点不是集中研究无预应力材料的理想情况,而是通过对 Berkovich 压头压痕的材料施加预应力来影响表面应力。采用有限元模型模拟加载过程直至达到最大压入深度。对于幂律模型描述的弹塑性材料,在有预应变和没有预应变的情况下,本章对杨氏模量、屈服强度和硬化指数进行广泛的有限元预测。结果表明,在不同预应力值下,载荷-压入深度响应具有高度一致性。残余压痕形状与由预应变引起的应力状态密切相关。在有限元仿真的基础上,本章推导出无量纲函数,提出一种反演弹塑性材料本构参数和表面应力的算法。作为电子封装结构中最具商业化的无铅焊料之一,本章基于焊料样品在不同退火条件下的纳米压痕响应,利用所提出的反演算法来估计残余应力。

残余应力在工程中起着重要的作用,它对材料和结构的力学性能和疲劳寿命有很大的影响。然而,利用非破坏实验进行现场残余应力状态评价具有极大的挑战性。2001 年 Withers 和 Bhadeshia 通过自平衡特征长度尺度确定了残余应力,研究了不同类型材料的残余应力的性质和来源。2013 年 Long 和 Wang 在轴对称假设下,得出了带有表面张力的弹性解,解决了刚球面与半空间的接触问题。针对预应变/应力对压痕的影响,2011 年 Yang 采用热力学方法得出了弹性压痕的封闭解,建立了三种轴对称压痕与 Neo-Hookean 固体无摩擦接触时双轴表面应变与压痕表面轮廓的关系。关于平头圆柱压头压痕下的蠕变行为,2013 年 Yang 和 Li 综述并讨论了表面应力或表面能可能控制纳米结构的变形行为和纳米材料的局部变形行为,这是由于不同原子排列的表面层与块体材料的行为不同。2005 年 Xu 和 Li 以纳米压痕的卸载行为为研究对象,采用有限元方法研究了等双轴残余应力对弹塑性应变硬化材料的影响。然而,他们没有详细说明残余应力对纳米压痕加载阶段的影响。实际上,纳米压痕加载阶段的残余应力可以通过有限元来模拟,这为利用加载曲线阐明残余应力的影响提供了可能。2011 年 Dean 等人通过差热收缩,在压头位移控制下压痕的薄铜箔中产生等双轴残余应力。根据有限元预测可知,当材料处于拉伸状态时,对应于给定压入深度的压头所需施加的载荷随着残余应力的增加而减小。值得注意的是,虽然残余应力很小,但其影响可以在纳米压痕中得到很好的反映。如前面章节所讨论的,在实际应用中大多数弹塑性焊料普遍存在应变硬化效应。在不同的退火条件下,机械制备焊料样品的残余应力与弹性恢复深度呈线性关系。本章提出一种基于纳米压痕响应的反演算法来估计焊料的塑性性能,但该算法没有将残余应力的影响与基于纳米压痕响应的反演算法结合起来。

　　本章主要通过常规的热循环实验或模拟,研究电子器件的电子封装结构中焊点在安装或焊接后的机械可靠性,发现残余应力是导致焊点疲劳失效的关键因素。这促使本研究进一步扩展纳米压痕的反演算法,以考虑残余应力。本章将压痕简化为压痕器与基体材料在外加表面应力作用下的接触过程。对不同力学性能和不同表面应力的基体材料进行一系列有限元模拟,结果表明,当基体中存在表面应力时,屈服后的变形阶段与无表面应力时存在显著差异。因此,本章提出一种基于载荷-压入深度的曲线,作为纳米压痕响应的反演算法,以获得基体材料的力学性能和表面应力。

10.2　有限元分析

　　有限元仿真模型的网格划分如图 10-1 所示。需要注意的是,Berkovich 压头是一个三角形金字塔,本质上不是轴对称的。然而,已有研究发现,在经过纳米压痕的整个微压痕范围内,Berkovich 压痕与轴对称压痕的压痕硬度值基本相同。因此,Berkovich 压头可以表示为具有相同锥角的轴对称压头。这一发现使得在有限元模拟中将 Berkovich 压头简化为轴对称模型成为可能。因此,本章所述锥形压痕机的半角为 70.3°,与纳米压痕所用的 Berkovich 三角锥体具有相同的面积函数。由于对称性,进一步将其简化为二维模型。基体为高 100 μm、半径 100 μm 的圆柱体,轴对称单元有 49 349 个。由于最大压入深度为 2 000 nm,基体的网格尺寸足够小,可以模拟半无限空间。1998 年 Suresh 和 Giannakopoulos 提出,如果压痕接触面积的平方根大于压痕尖端半径的数倍,则可以假设弹性压痕器与各向同性弹塑性基体无摩擦接触。因此,假设半无限基体与 Berkovich 压头之间的接触是无摩擦的。2003 年 Bucaille 等人和 2006 年 Ogasawara 等人在独立研究中也发现了类似的结论,即如果摩擦系数的值相对较小,则摩擦系数对于压痕模拟来说是一个次要因素。

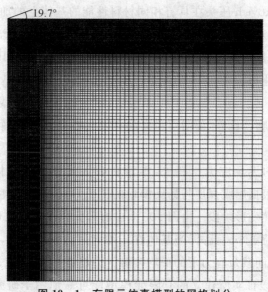

图 10-1　有限元仿真模型的网格划分

　　如图 10-2 所示，在半无限基体材料中施加等双轴表面应力。在有限元模拟中，采用预应变 ε_{pre} 作为压痕步骤之前的独立分析步骤，对基体表面应力进行数值模拟。在垂直载荷 P 的作用下，将 Berkovich 压头压入预应变基体中，压痕深度为 h，可以通过有限元模拟得到不同表面应力下的加载和压痕深度（$P-h$）曲线。

　　在弹塑性变形过程中，弹塑性基体材料在单轴加载下的应力 σ 和应变 ε 分别可以用线性方法和幂律方法来很好地描述，即

$$\sigma = \begin{cases} E\varepsilon , \sigma < \sigma_y \\ R\varepsilon^n , \sigma \geqslant \sigma_y \end{cases} \qquad (10-1)$$

式中：E 为基体材料的杨氏模量；σ_y 为初始屈服强度；R 为硬化系数；n 为应变硬化指数。

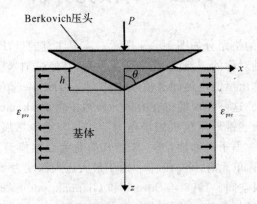

图 10-2　Berkovich 压痕机预应变基体压痕示意图

　　为了验证有限元模型预测纳米压痕响应的合理性，本书将有限元模拟预测的 $P-h$ 曲线与 Zhuk 等人（2017）的结论进行了比较。由于所提出的反演分析仅依赖于压痕的加载阶段，因此在实验中使用 Berkovich 压头在具有相同材料性能的基体上的加载行为验证了有限元模拟（Zhuk 等人，2017）。对于 Berkovich 压头，用杨氏模量为 1 060 GPa、泊松比为 0.07 的弹性模型描述金刚石材料。采用杨氏模量为 215 GPa、屈服强度为 330 MPa、泊松比为 0.28、硬化系数为 127.6 MPa、硬化指数为 0.13 的弹塑性模型来描述 10 级钢基体。实验和有限元模拟的最大压入深度均为 2 000 nm。如图 10-3 所示，预测的 $P-h$ 曲线（黑实线）与 Zhuk 等人（2017）的结论（实心点）吻合良好，证明所建立的有限元模型能够准确模拟弹塑性材料压痕响应的加载阶段。

　　除图 10-3 所示的无预应力材料外，本章在有限元模型的基体材料上也分别应用了 0.1% 的拉压预应变。根据屈服强度与杨氏模量的比值，可以确定预应变值小于屈服应变，因此，基体材料仍处于弹性变形阶段。由图 10-3 中有限元预测的对比可知，当基底在拉伸时进行预应变时，施加的载荷更小。此外，当基体在压缩时进行预应变时，施加的载荷较大。该观察结果与已有文献的不同残余应力下的平均接触压力趋势一致。通过对不同预应力状态下的 $P-h$ 曲线进行比较，可以证实所建立的有限元模型能可靠地用于研究表面应力对 Berkovich 压头在 2 000 nm 深度下纳米压痕响应的影响。

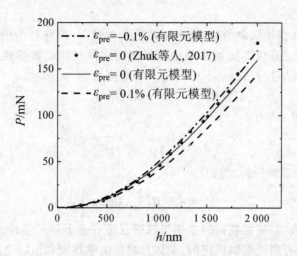

图 10 - 3　所采用有限元模型预测结果与文献中 P-h 曲线的对比

10.3　无量纲分析

基于压头上施加的载荷而产生的压缩作用下材料的平均接触压力,下式给出了材料硬度的计算,即

$$H = \frac{P}{A} \tag{10-2}$$

式中:H 为硬度;P 为施加在压头上的载荷;A 为接触面积。对于 Berkovich 型压头来说,接触面积通常近似为 $A = 24.5h^2$。最大压入深度为 2 000 nm,接触面积为 98 μm^2。

基于实验数据,Tabor(1951)和 Johnson(1970)的早期研究表明

$$\sigma_y = \frac{H}{\alpha} \tag{10-3}$$

式中:α 依赖于材料的性质,在本研究中取为 3。实际上,Yang 和 Li(2013)在综述中提到,当摩擦系数在 0~0.5 之间时,根据刚性压头与弹塑性基体材料接触变形的有限元模拟,式(10-3)与 α 值为 3 时吻合得很好。

结合式(10-2)和式(10-3)可以得到

$$\sigma_y = \frac{1}{3} \frac{P}{A} \tag{10-4}$$

将式(10-4)改写后可得到

$$\frac{P}{\sigma_y} = 3A \tag{10-5}$$

这表明 P/σ_y 与 A 密切相关,因此 $P/(\sigma_y h^2)$ 可以用 A/h^2 表示,是无量纲的。

根据该压痕问题所涉及的参数,在基板材料弹塑性压痕变形过程中,压痕器上施加的载荷 P 可表示为

$$P = P(E, \nu, E_i, \nu_i, h, \sigma_y, n, \varepsilon_{pre}) \tag{10-6}$$

式中:E 和 ν 为基体材料的杨氏模量和泊松比;E_i 和 ν_i 为伯克维奇压头的杨氏模量和泊松比;

ε_{pre} 为预应变。

需要指出的是,在弹性接触力学中,非刚性压头对载荷-位移行为的影响可以通过定义简化模量 E^* 来解释,这是在仪器压痕实验中测量到的实际模量。将弹性压头的弹性特性与基体中的弹塑性固体相结合后,式(10-6)可进一步简化为

$$P = P(E^*, h, \sigma_y, n, \varepsilon_{pre}) \tag{10-7}$$

式(10-7)中简化模量 E^* 为

$$E^* = \left(\frac{1-\nu^2}{E} + \frac{1-\nu_i^2}{E_i} \right)^{-1} \tag{10-8}$$

将 Π 理论应用于量纲分析,得到

$$P = \sigma_y h^2 \Pi \left(\frac{E^*}{\sigma_y}, n, \varepsilon_{pre} \right) \tag{10-9}$$

此外,量纲分析表明,施加载荷的变化与屈服强度有显著的相关性。显然,下式右侧的无量纲函数是根据前文有限元模拟确定的,基体材料的力学性能和预应变状态的范围更广。

$$\frac{P}{\sigma_y h^2} = \Pi \left(\frac{E^*}{\sigma_y}, n, \varepsilon_{pre} \right) \tag{10-10}$$

10.4 有限元模拟的结果与讨论

在精密设计和工艺控制的电子器件封装结构中,焊料的表面应力通常不会导致屈服或屈服后变形,因此在本研究中基底施加的预应变小于屈服应变,这意味着基底在压痕过程之前的预应变中处于弹性状态。$E=10\sim50$ GPa,$\sigma_y=25\sim50$ MPa,$n=0.1\sim0.5$。这些机械参数的范围可以覆盖电子封装工业中的大多数焊料。根据式(10-1)可得基体的应力-应变曲线,其硬化系数 R 为 σ_y/ε_y^n。为使基体保持弹性,预应变值由数值确定,最大杨氏模量为 50 GPa,最小屈服强度为 25 MPa。如图 10-4 所示,基底在预应变为 0.03% 时仍处于弹性阶段。因此,在对纳米压痕问题进行广泛的参数化研究时,对基体上施加的 ε_{pre} 在 $\pm0.01\%\sim\pm0.03\%$ 范围内进行有限元模拟,其最大压入深度为 2 000 nm。大量文献表明,在压入深度小于 10 μm 的压痕实验中,压痕硬度与压入深度有关,也称为压痕尺寸效应(Nix 和 Gao,1998)。考虑到本研究中的最大压入深度为 2 μm,要加入更多的机制(如应变梯度)将具有很大的挑战性,这将使无量纲推导复杂化。因此,本章以屈服强度代替硬度,作为基体材料的固有特性,见式(10-3)。本章将应变梯度塑性理论作为进一步研究的方向,以揭示压痕尺寸效应的内在机理。

图 10-5 为无预应力时,杨氏模量、屈服强度和硬化指数对 P-h 曲线的影响。不受表面应力影响的压痕问题预测是式(10-10)中无量纲函数的分析基础。由图 10-5可以看出,这三个参数对 P-h 曲线的影响相似。在相同的压痕深度下,随着杨氏模量、屈服强度和硬化指数的增大,外加载荷也随之增大。随着压痕深度的增加,这些参数的载荷差值逐渐增大。

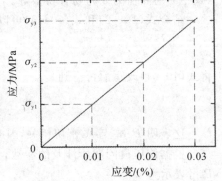

图 10-4 弹性阶段的应力-应变曲线

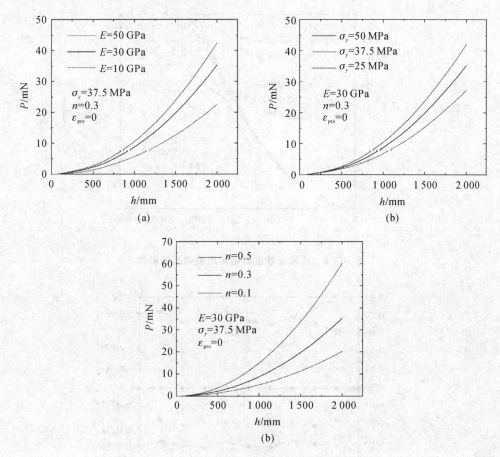

图 10 - 5　基体无预应力时 P - h 曲线的比较

(a)杨氏模量的影响;(b)屈服强度的影响;(c)硬化指数的影响

　　基于无预应力基体下的 P - h 曲线,本章进一步研究了预应变效应对纳米压痕响应的影响。如图 10 - 6 所示,对于具有代表性的力学性能组合,在相同压痕深度下,施加的载荷随着预应变的增加而减小,从表面应力的压缩状态到拉伸状态。不同表面应力导致这种变化趋势一致的潜在机制如下:在材料性能相同的情况下,可以认为基片表面的变形电阻是相同的。当表面应力由拉伸状态变为压缩状态时,基体表面的横向约束相应增强。由于纳米压痕本质上是一种局部压缩,当表面应力以较高的横向约束压缩时,所需的施加载荷增加。

　　为了反映预应变对载荷-位移曲线的影响,本章计算了有预应变和没有预应变情况下压头上施加载荷的变化率,并比较了 1 000 nm 和 2 000 nm 处的压入深度。由图 10 - 7 可知,在本章讨论的预应变范围内,预应变对载荷-位移曲线的影响约为 7%。需要注意的是,图 10 - 7 中的图例与图 10 - 6 中的图例相同,为了曲线比较的清晰性,未作更多的说明。

　　为了进一步揭示预应变效应对纳米压痕变形的影响,本章仔细研究了纳米压痕模拟结束时的残余压痕形貌。如图 10 - 8 所示,在不同的材料性能和加载情况下,残余压痕周围的基底可能会出现堆积或下沉变形。为了便于讨论,将堆积变形量用 h_p 表示,将沉降变形量用 h_s 表示。也就是说,h_p 符号是正的,h_s 符号是负的。

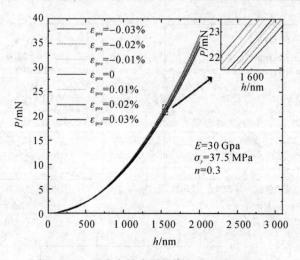

图 10-6　预应变效应对纳米压痕响应的影响

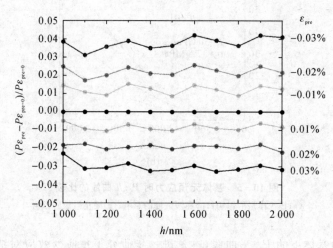

图 10-7　预应变对 $P-h$ 曲线的影响

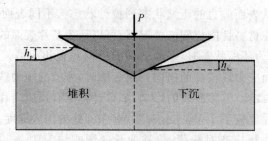

图 10-8　基体材料中残余压痕的堆积和下沉变形示意图

　　基于具有广泛力学性能（杨氏模量、屈服强度和硬化指数）的有限元模拟的参数研究，图 10-9 总结和比较了基体材料中残余压痕的堆积和下沉变形。为了强调不同参数值的影响，横坐标定义为感兴趣的变量（voi）。例如，虚线表示的是在其他参数相同的情况下，硬化指数对残余变形的影响，有三个典型值，即 voi1、voi2、voi3，分别为 0.1、0.3、0.5。可以看出，当硬化指数为 0.1 时，基体材料表现出堆积现象，当硬化指数为 0.3 和 0.5 时，基体材料表现出下沉现象。根据式(10-1)中假定本构模型塑性变形的幂律关系可知,当应变远小于1.0时,应力越大,硬化指数越小。这意味着硬化指数越小的材料,其塑性变形硬化性能越好。因此,基于塑性变形能力,可以很好地解释硬化指数对残余压痕形貌的影响,同时进一步讨论了硬化指数为0.1和0.3的预测,以强调其他参数的影响。

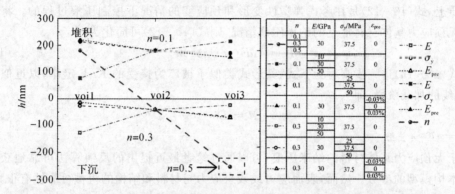

图 10-9　不同参数下压头压至最大深度时的堆积变形值和下沉变形值

当硬化指数为0.1时,无论其余参数值是否在本研究讨论的范围内,衬底材料均表现出堆积现象。计算结果还表明,堆积变形 h_p 随杨氏模量的增大而增大,随屈服强度的增大而减小,随预应变从压缩到拉伸的变化而增大。当硬化指数为0.3时,则出现相反的现象,即基体材料始终表现为下沉残余压痕。其绝对值 h_s 随杨氏模量的增大而减小,随屈服强度的增大而增大,随预应变从压缩到拉伸的变化而增大。图10-9所示的一个显著特征是,硬化指数为0.1和0.3的基体材料的残余压痕轮廓几乎是平行的。硬化指数为0.1的堆积型残余压痕曲线基本向硬化指数为0.3的下沉型残余压痕曲线移动,即使基体的堆积或下沉变形现象受到其他材料参数的影响。通过得到的有限元预测,可以通过曲线拟合,对不同材料参数和表面应力对 $P-h$ 曲线和残余压痕剖面的影响进行数值分析,进一步得到式(10-10)中提出的无量纲函数。

10.5　反演分析

在相同的压痕深度下,随着杨氏模量、屈服强度和硬化指数的增大,外加载荷也随之增大。对于表面应力,张预应力导致较低的施加载荷,而压预应力导致较高的施加载荷。这种变化趋势应该被无量纲函数准确地再现。更重要的是,本章提出的反演分析旨在根据 $P-h$ 曲线确定基材除预应力外的力学性能。

从有限元预测中可以看出,当压入深度达到700 nm时,$P/(\sigma_y h^2)$ 值开始趋于稳定,因此压入深度 h 的范围为700~2 000 nm。本章通过引入基体材料的杨氏模量、屈服强度、硬化指数和预应变的数据,对材料参数进行数值拟合,以较好地再现压痕过程中的 $P-h$ 曲线。值得注意的是,下式提出了一个指数项,以更好地说明预应变在无量纲函数中的作用,并更好地拟合有限元预测。

$$\frac{P}{\sigma_y h^2} = \Pi\left(\frac{E^*}{\sigma_y}, n, \varepsilon_{pre}\right) = a\frac{E^*}{\sigma_y}n\exp(b\varepsilon_{pre}) + c \qquad (10-11)$$

式中：常数 $a=0.537$，$b=-133.26$，$c=97.78$。通过与有限元预测结果相比较，确定了系数 R^2 为 0.90，表明所提出的无量纲函数能够达到较好的一致性。重新排列各项后，式（10-11）可表示为

$$P = [aE^* n\exp(b\varepsilon_{pre})+c\sigma_y]h^2 \qquad (10-12)$$

本质上，式（10-12）是在考虑弹塑性变形和预应变的情况下控制压痕过程的。将 $\varepsilon_{pre}=0$ 简化为无预应力基体材料常见的纳米压痕情况，则式（10-12）可简化为

$$P = (aE^* n+c\sigma_y)h^2 \qquad (10-13)$$

将式（10-13）进一步改写为下式，其形式类似于被广为接受的 Kick 定律，以近似地表示 P-h 曲线的加载阶段，即

$$P = Dh^2 \qquad (10-14)$$

式中：$D=aE^* n+c\sigma_y$。

对于无预应力基体材料的纳米压痕，可以通过笔者最近提出的反演算法可靠地获得弹塑性材料本构模型的参数。然而，表面应力或残余应力与材料和结构的机械可靠性有很大关系。通过预应变基体材料的有限元模拟，可以在反演算法的基础上分析表面应力。本研究提出了预应变变量的反演分析方法，如图 10-10 所示，可准确预测本构参数和表面应力。

首先，通过实验研究获得非预应力基体材料的 P-h 曲线，利用反演算法在步骤（a）[见图 10-10（a）]中估计幂律本构模型的弹塑性参数。其次，在步骤（b）[见图 10-10（b）]中对有表面应力的基体材料进行纳米压痕实验，得到具有预应变效应的 P-h 曲线。最后，在步骤（c）[见图 10-10（c）]中使用式（10-11）计算基底材料在有表面应力时的预应变值，使用式（10-1）中的幂律本构模型得到基体材料的表面应力。

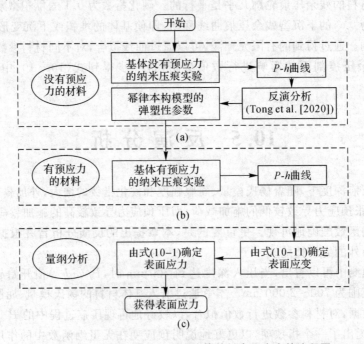

图 10-10 采用反演分析方法估算基材表面应力的流程图

作为一个算例演示，本节提出了反演分析与考虑表面应力的纳米压痕实验，研究了

SAC305 无铅焊料在不同温度退火后的微观结构,更重要的是,消除了焊接材料中的残余应力。综上所述,SAC305 焊料的最优条件是:在 210℃ 加热 12 h 的条件下退火,使之成为无残余应力状态。本研究采用该状态来表示无表面应力的基体材料,同时,作为残余应力的代表案例,本研究采用未退火试样进行表面应力的测定。

根据已有研究给出的不同工况下的本构参数,有限元模拟得到 $P-h$ 曲线,如图 10-11 所示。应该注意的是,有些力学性能并不严格地处于有限元模拟的参数研究范围内。但是,其总体趋势变化不大,因为参数在同一个数量级。在 210℃ 加热 12 h 后,样品可被认为没有残余应力,图 10-11 中的 $P-h$ 曲线和前面所提出的反演算法可以用来估计预应力基体材料的弹塑性参数,如图 10-10(a) 所示。然后,按照图 10-10(b)(c),得到图 10-12 所示的其他退火条件下的表面应力。可以看出,在 0～12 h 的退火过程中,表面应力随退火时间的变化较大,经过 12 h 退火后,消除残余应力的退火效果趋于温和。这种变化趋势与基于接触刚度与残余应力之间的正线性关系的解析方法的研究结果完全吻合(Long 等人,2017)。

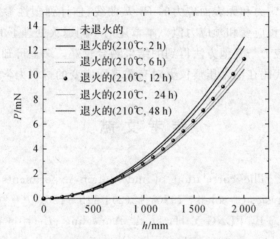

图 10-11　未退火和优化退火的 SAC305 焊料的 $P-h$ 曲线比较

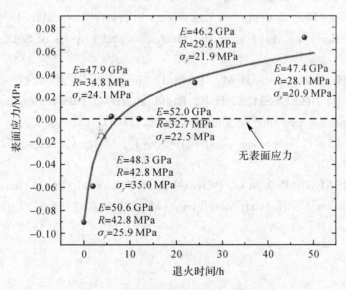

图 10-12　各种工作条件下的表面应力

10.6 小　结

　　本章提出了一种基于纳米压痕法的反演方法来估计弹塑性衬底材料的等双轴表面应力。对压入深度达 2 000 nm 的结果进行验证后，利用有限元模型对衬底材料的广泛力学参数进行了研究。有限元预测结果表明，在不同力学性能和预应变值下，Berkovich 压头的加载趋势一致，这使得探索个体变量之间的关系成为可能。通过对压痕问题中涉及的参数进行量纲分析，提出了一个与预应变有关的无量纲函数，该函数在基底材料无表面应力时可退化为常见的纳米压痕情况。利用所提出的无量纲函数，在 700～2 000 nm 的压入深度与有限元预测的拟合度可达 0.90。这意味着，与耗时的有限元模拟不同，无量纲函数提供了一种可靠的分析方法，可通过使用 $P-h$ 曲线的 Berkovich 压痕测试有效地估计应变硬化基底的表面应力。首先通过在基底上测量有表面应力和无表面应力的 $P-h$ 曲线，估计弹塑性参数，然后根据无量纲函数和幂律本构模型计算预应变和预应力值。本章还对不同退火处理下的焊料样品进行了残余应力估计，得到的表面应力与其他方法得到的结果吻合较好。综上可知，该算法具有良好的应用前景，可作为可执行代码在纳米压痕仪上对有关表面应变的材料力学行为进行原位测量。

参 考 文 献

[1] JOHNSON K L. The correlation of indentation experiments[J]. Journal of the Mechanics and Physics of Solids, 1970, 18(2): 115 - 126.

[2] LONG X, WANG S B, FENG Y H, et al. Annealing effect on residual stress of Sn - 3.0Ag - 0.5Cu solder measured by nanoindentation and constitutive experiments[J]. Materials Science & Engineering: A, 2017, 696(6): 90 - 95.

[3] NIX W D, GAO H J. Indentation size effects in crystalline materials: A law for strain gradient plasticity[J]. Journal of the Mechanics and Physics of Solids, 1998, 46(3): 411 - 425.

[4] TABOR D. Hardness of metal[M]. Oxford: Clarendon Press, 1951.

[5] WITHERS P J, BHADESHIA, H K. Residual stress: part 1-measurement techniques [J]. Materials Science and Technology, 2001, 17(4): 355 - 365.

[6] YANG F Q, LI J C. Impression test-A review[J]. Materials Science & Engineering R, 2013, 74(8): 233 - 253.

[7] ZHUK D I, ISAENKOVA M G, PERLOVICH Y A, et al. Finite element simulation of microindentation[J]. Russian Metallurgy (Metally), 2017(5): 390 - 396.